亚洲中部地区湖泊面积遥感提取及其时空变化

车向红　冯　敏　罗　安
王　勇　徐胜华　孙　擎　等　编著

气象出版社
China Meteorological Press

内容简介

湖泊等水体蕴含的水资源是维系干旱区生态环境的关键，因受到气候变化和人类活动的共同影响而极为脆弱易变。广袤的亚洲中部干旱区和青藏高原分布着大量湖泊，虽经历了咸海危机等世界瞩目的生态灾难，但对整个区域湖泊的长期变化仍缺乏充分认识。本书基于近年来迅速发展的对地观测成果，探讨如何结合多尺度遥感观测，包括 MODIS 等粗分辨率和 Landsat 等中高分辨率遥感数据，进行地表水体遥感识别和监测，提高对大湖泊和小水体变化的监测能力，并全面分析亚洲中部地区 2000—2015 年湖泊数量和面积的年内和年际变化，探究各个湖泊的长时序变化趋势，为理解中亚水资源变化的过程和归因提供依据。

本书既包括基于遥感的水体监测方法，又包括对亚洲中部地区湖泊监测与动态变化的大量实例，深入浅出，可供遥感、湖泊、水生态环境相关科技工作者和水利与应急减灾相关部门等参考。

图书在版编目（CIP）数据

亚洲中部地区湖泊面积遥感提取及其时空变化 / 车向红等编著. -- 北京 : 气象出版社, 2023.7
ISBN 978-7-5029-7987-4

Ⅰ. ①亚… Ⅱ. ①车… Ⅲ. ①遥感技术—应用—湖泊—动态监测—亚洲 Ⅳ. ①P343.3

中国国家版本馆CIP数据核字(2023)第109192号

亚洲中部地区湖泊面积遥感提取及其时空变化
Yazhou Zhongbu Diqu Hupo Mianji Yaogan Tiqu ji Qi Shikong Bianhua

---

出版发行：气象出版社
地　　址：北京市海淀区中关村南大街 46 号　**邮政编码**：100081
电　　话：010-68407112（总编室）　010-68408042（发行部）
网　　址：http://www.qxcbs.com　**E-mail**：qxcbs@cma.gov.cn
责任编辑：黄海燕　**终　　审**：张　斌
责任校对：张硕杰　**责任技编**：赵相宁
封面设计：艺点设计
印　　刷：北京建宏印刷有限公司
开　　本：787 mm×1092 mm　1/16　**印　　张**：6.5
字　　数：167 千字　**彩　　插**：5
版　　次：2023 年 7 月第 1 版　**印　　次**：2023 年 7 月第 1 次印刷
定　　价：48.00 元

前　言

亚洲中部地区包含中亚干旱区和青藏高原地区，其中中亚干旱区地处亚欧大陆腹地，降水稀少，气候极其干燥，光照充足，蒸发量大，温度变化剧烈，湖泊分布极其不均匀。青藏高原地区湖泊数量多、面积大、海拔高，能有效指示气候与环境变化。然而，近几十年来，由于受气候、生态环境和人类活动等因素的综合影响，湖泊水域范围变化速度快、幅度大，充分认识研究区域湖泊动态变化的特征及机理，有利于正确评估气候变化和人类活动对湖泊的影响，为水资源和生态环境保护提供科学依据。

湖泊的形成与消失、快速扩张与收缩对观测的频率和分布都有很高的要求。近几十年来，卫星遥感技术具有覆盖面广、成本低廉、相对高分辨率、高频率和大数据量等特点。随着计算机技术和硬件性能飞速发展，不同时空分辨率和波谱特征的卫星遥感数据呈爆炸式增长，数据的可获取性也在不断提高，为大区域、快速地、长时间序列水体提取和动态变化监测带来了机遇。然而，目前大多水体提取是基于单一遥感数据的人工解译，或基于分类、水体指数等半自动方法，如何最大限度地利用不同来源的遥感数据，进行全自动化水体提取来满足大区域的高时空水体监测，成为国内外学术界的研究热点。本书结合作者多年来在多源遥感数据融合和基于遥感的水体动态监测的系列研究成果的基础上成稿，旨在向相关领域的工作者介绍水体遥感监测原理、技术、方法，以满足人们对区域化水体和湖泊的动态变化分析与评价的需要。

全书共6章，主要包括：①系统介绍亚洲中部地区湖泊动态变化监测的必要性和遥感数据采集、水体遥感监测方法以及全球或区域水体数据产品发展现状；②针对MODIS宽视场角遥感观测的双向反射比分布函数（BRDF）效应导致在水体边界提取不稳定以及混合像元问题，详细介绍BRDF校正方法、降尺度方法（IMAR）和MODIS尺度水体提取方法，并应用到青藏高原地区；③针对MODIS粗空间分辨率影响，以Landsat遥感影像为数据源，基于分层加权采样空间，全面介绍自适应的Landsat自动水体提取算法并评价水体提取精度；④基于提取的水体范围，采用种子点扩张算法获取中亚干旱区和青藏高原地区2000—2015年湖泊范围，从湖泊数量、面积、空间分布和时空变化方面对比分析中亚干旱区和青藏高原地区的湖泊差异；⑤选取中亚干旱区中部咸海、北部田吉兹湖和青藏高原黄河源区星星海流域和青藏高原中部不受现代冰川影响的兹格塘错为研究对象，通过和气象资料做相关分析，探究湖泊变化和区域气候环境的关系；⑥在上述水体监测和时空分析方法体系的研究结果基础上，探讨未来水体遥感监测研究的重点和应用方式。

冯敏负责本书内容的策划与统稿，车向红负责全书的撰写，罗安、王勇、徐胜华和孙擎分别负责第 2、3、4 和 5 章内容的审查，博士生杜凯旋和硕士生王鸿雁在书稿文字、图表整理等方面做了大量的工作，此外，本书得到了国家自然科学青年科学基金(41901379)、国家自然科学基金(42171140 和 42071384)和青藏高原地球系统与资源环境重点实验室青年创新重大项目(TPESER-QNCX2022ZD-04)等项目资助，在此表示衷心的感谢。

由于作者水平有限，书中不足之处恳请广大读者批评指正。

作者

2023 年 4 月

目 录

第1章　绪　论

1.1　研究背景与意义

水乃生命之源，是地球上一切生物赖以生存的基本条件，是维持地球生态系统功能和支撑社会经济发展最基础的资源。陆地水体包括河流、湖泊、水库、湿地和周期性淹没区域，虽然陆地水体只占陆地总面积的2.5%，却是地球水资源的重要组成部分，在水生植物繁衍、维护生物多样性、改善生态环境、调节地表地下径流、农田灌溉、人类生活生产用水等方面发挥着重要的作用(Alsdorf et al.,2007)。湖泊作为陆地水体的重要组成部分之一，近几十年来，随着区域气候环境变化的日益明显和人类活动加剧，湖泊的形态和分布发生了巨大的变化，导致水生生物种群与数量显著减少、生态系统退化、水体富营养化、洪水调蓄能力降低，制约了生态环境的改善与社会可持续发展(杨桂山 等,2010)。因此，精确、迅速地监测湖泊动态变化，分析气候变化和人类活动对湖泊的影响规律，对分配陆地水资源、平衡区域水量、监测洪涝灾害、改善生态环境及社会经济环境有着极其重要的意义。

1.1.1　亚洲中部地区生态环境现状

亚洲中部地区在本书中特指中亚干旱区和青藏高原地区。中亚干旱区地处亚欧大陆腹地，为典型的大陆性气候特征，表现为降水稀少、气候极其干燥、光照充足、蒸发量大、温度变化剧烈、水资源分布极其不均匀，由此导致的旱情就容易引发一系列严重的自然灾害和社会问题，如导致许多人畜死亡的萨赫勒危机(裴圣愚,2012)。由于独特的地理位置和自然条件，中亚干旱区具有丰富的自然资源和能源，但同时又易受全球气候变化和人类活动的影响，成为生态环境脆弱区(白洁 等,2011;张建财 等,2015)。尤其是苏联解体使得中亚干旱区原有的政策体制被打乱，人类活动加剧使该地区生态环境发生了显著变化，部分区域出现了明显的生态环境退化甚至恶化现象(张丽萍 等,2013)。作为亚洲乃至世界上生态环境恶化最严重的区域之一，中亚干旱区已经日益引起国际社会的关注(杨恕 等,2002;周可法 等,2006)。

青藏高原地区，湖泊数量大、面积大、海拔高，且大部分湖泊是内流湖，受人类活动影响小。湖泊作为重要的水资源，能有效地指示气候与环境变化。因此，对比和分析中亚干旱区和青藏高原地区的湖泊变化差异，有助于探究两区域气候、环境和人类活动差异。不少研究表明，近几十年来，区域气候变化和人类活动的共同影响使得中亚干旱区及青藏高原的湖泊发生了剧烈的变化，充分认识研究区域湖泊动态变化的特征及机理，有利于正确评估气候变化和人类活动对湖泊的影响，为水资源和生态环境保护提供科学依据(Wang et al.,1998)。

1.1.2 “一带一路”国家倡议

2013 年 9 月 7 日，中国国家主席习近平提出了共同建设“丝绸之路经济带”的重大倡议，强调中国与中亚国家之间的创新合作，如加强政策沟通、道路联通、货币畅通等，得到国际社会的高度关注（丁晓星，2014）。丝绸之路经济带始于中国，途经中亚、俄罗斯至欧洲。2015 年 3 月 28 日，国家发展改革委、外交部、商务部联合发布了《推动共建丝绸之路经济带和 21 世纪海上丝绸之路的愿景与行动》，指出“一带一路”倡议的重要应对措施是国家空间格局的重塑，而向西开放发展又是我国区域全面发展战略的重要组成部分。中亚地区作为中国面向亚欧大陆的国际门户，是“一带”沿线的重要腹地。因此，未来中国与中亚地区的合作，如产业输出、经济贸易合作、能源通道安全建设和文化交流等，必将进入全新阶段（高志刚 等，2015）。与中亚地区的投资与合作需要了解该地区基本情况，包括中亚地区的资源环境、土地利用、土地覆盖、景观格局等。长期以来，对于中亚地区的基本情况仍缺乏全面深入调查和系统性的研究（周可法等，2006），使得干旱区生态环境数据还难以满足相关科学研究需求。2015 年 5 月，中国科学院地理科学与资源研究所地球系统科学数据共享中心承担了“一带一路”各国国情与自然资源数据库建设任务，面向国家“一带一路”倡议，收集、整理、加工“一带一路”沿线 66 个国家的基本国情、基础地理、自然资源资料和数据，形成基础资料库，为“一带一路”国际科学家联盟和信息平台建设提供数据基础，本书目标与“一带一路”各国国情与自然资源数据库建设任务相吻合，为数据库建设提供数据支撑。

1.1.3 长时间、精细化水体监测

湖泊由于受气候、生态环境和人类活动（农业灌溉、水利保护工程等）等因素的影响，水域变化范围大、速度快、幅度大。因此，为了准确、快速地分析大范围湖泊变化，需要大区域、实时且精细化的基础观测数据。传统的水体监测手段主要包括野外测绘、水文站点测量等，其缺点为工作量大、精度低，需耗费大量人力、物力、财力和时间，且难以进行大范围、及时地水体监测（Song et al.，2014）。遥感技术起源于 20 世纪 60 年代，具有覆盖面广、成本低廉、相对高分辨率、高频率和大数据量等特点。随着计算机技术和硬件性能飞速发展，不同时空分辨率和波谱特征的卫星遥感数据呈爆炸式增长，数据的可获取性也在不断提高，为大区域、快速地、长时间序列水体提取和动态变化监测带来了机遇。然而，目前大多水体提取是基于单一遥感数据的人工解译，或基于分类、水体指数等半自动方法，如何最大限度地利用不同来源的遥感数据，进行全自动化水体提取来满足大区域的高时空水体监测仍需深入的研究（唐娉 等，2014）。

1.2 国内外研究现状

1.2.1 陆地卫星遥感传感器发展和数据采集

遥感可不直接接触物体而从物体反射的电磁波中提取所需要的物理参数，使人类对地球的认识进入到一个全新的阶段。按照遥感卫星传感器对地观测对象的不同，可将遥感卫星分为气象卫星、陆地卫星和海洋卫星。其中，陆地卫星是用于探测地球资源与环境的系列地球观测卫星系统。现阶段陆地卫星遥感已成为综合对地观测的重要组成部分，呈现出高空间、高时

间分辨率和多平台、多传感器的发展趋势(李德仁,2003)。从陆地遥感利用波段来看,对地观测分为可见光遥感和微波遥感。目前,常用的可见光卫星传感器按空间分辨率可分为粗、中高两级。

粗空间分辨率传感器常用的有 NOAA AVHRR、SPOT VGT 和 NASA MODIS 等(Justice et al. ,2002)。NOAA 气象卫星是近极地、与太阳同步的卫星,搭载的传感器 AVHRR 从1979 年 TIROS-N 卫星发射以来,采用双星运行持续进行着对地观测任务。AVHRR 是一种多光谱通道的扫描辐射仪,拥有包括可见光、近红外和热红外的五个波段。AVHRR 的空间分辨率较低,星下点分辨率为 1.1 km。AVHRR 覆盖面大、观测周期短,是大区域尺度(包括国家、洲乃至全球)、长时间序列地表动态变化研究的重要数据源(Harris,1994;Harris et al. ,1989;Mason et al. ,1992;Prata,1990;Rango et al. ,1974)。SPOT-VEGETATION 传感器于1998 年由 SPOT-4 搭载升空,是用于获取全球植被覆盖观测的 SPOT VGT 数据。SPOT VGT 包括四个波段(可见光蓝、红波段,近红外和短波红外),空间分辨率为 1.15 km,目前应用于大范围的 NDVI 时空变化分析(Xiao et al. ,2010;于树梅 等,2010),应用于水体提取的研究很少。雷璇等(2012)初步探索了 SPOT VGT NDVI 时间序列数据在洞庭湖地区水面动态变化监测中的实际可行性。目前长时间序列地表变化监测研究应用最为广泛的为 MODIS 传感器获取的遥感影像。MODIS 是美国国家航空和宇宙航行局(National Aeronautics and Space Administration,NASA)建立的地球观测系统(Earth Observing System,EOS)系列卫星中搭载的最主要的探测仪器之一,主要有以下三个特点:1)空间分辨率和光谱分辨率大大提高,2 个通道的空间分辨率为 250 m,5 个可见光、远红外通道空间分辨率为 500 m,其余 29 个通道空间分辨率为 1 km(黄镇 等,2006;赵英时,2013);2)卫星回访周期短,时间分辨率较高,Terra 和 Aqua 太阳同步极轨卫星可得到每天最少 2 次白天和 2 次黑夜更新数据;3)MODIS 数据可全球免费获取。以上特点决定了 MODIS 在大范围地表变化监测中的可行性和适用性。由于水体变化快和幅度大等特点,众多研究者已选择利用 MODIS 数据来进行水体信息监测(Carroll et al. ,2009;Feng M et al. ,2012;Friedl et al. ,2002;Guerschman et al. ,2011;丁莉东 等,2006a;李景刚 等,2009;吴赛 等,2005)。2011 年,MODIS 的下一代卫星 Suomi NPP 发射升空,用来接替服务超期的 Terra、Aqua 等,其搭载的可见光/红外辐射成像仪(VIIRS)共 22 个波段,5 个分辨率为 375 m 的高分辨率影像波段,1 个分辨率为 750 m 的白天/夜间波段(DNB 波段),16 个分辨率为 750 m 的可见光和红外波段,总体上与 MODIS 传感器较为相似(Schueler et al. ,2013)。VIIRS 数据已开始广泛地用于探测地球环境,如土地覆盖制图、植被和水体变化(Hillger et al. ,2013;Huang C et al. ,2015;Huang et al. ,2017)。Sentinel-3A/B 星于 2016、2018 年相继成功发射,搭载海陆彩色成像仪(OLCI)和海陆表面温度辐射计(SLSTR)。其中,OLCI 包含 21 个光谱波段,中心波长在 400~1020 nm,空间分辨率为 300 m,全球覆盖时间为 1~2 d,可测量海面地形、海面和陆地表面温度、海洋颜色和陆地颜色,并且准确性高、可靠性强,以支持海洋预报系统,以及对环境和气候进行监测,具有全球多光谱中等分辨率海洋/陆地观测能力。SLSTR 是双视图扫描温度辐射仪,重访周期为 1 d,空间分辨率为 500 m 和 1000 m,包含 11 个波段(6 个可见光、近红外波段,3 个中红外、热红外波段和 2 个火灾检测波段)和 2 个观测方向(垂直观测 0°和前向观测 55°),主要用于海表/地表温度反演、计算地面反照率、监测森林火灾和海冰变化等方面(Donlon et al. ,2012)。

中高空间分辨率传感器常用的有 Landsat、Sentinel-2、SPOT 和 CBERS 等。Landsat 卫

星从1972年开始发射第一颗卫星，截至2023年已发射9颗。其上搭载的MSS(Multi Spectral Scanner)、TM(Thematic Mapper)、ETM＋(Enhanced Thematic Mapper Plus)和OLI(Operational Land Imager)传感器，具有从可见光到热红外多个波段，空间分辨率为30 m(热红外波段为120 m,OLI的全色波段为15 m)，重访周期为16 d。Landsat数据以其较多的光谱波段、中尺度地面分辨率和较优的波段设置成为地物提取的重要数据(Danaher et al.，2006;Duan et al.，2013;Feyisa et al.，2014;Frazier et al.，2000)。2015年，欧洲空间局哥白尼计划启动下一个地球观测任务，首颗卫星哨兵2号(Sentinel-2)发射成功，卫星上搭载的多光谱影像仪(Multi-spectral Instrument,MSI)具有13个波段，但空间分辨率(10 m、20 m和60 m)相比Landsat有所改进，使得高空间分辨率数据在时间尺度上具有连续性(Drusch et al.，2012)。Sentinel数据已被用于城镇、农田和森林等土地覆盖要素制图(Drusch et al.，2012;Immitzer et al.，2016;Pesaresi et al.，2016)，但对于水体提取和变化研究仍处于初探阶段。SPOT卫星是由法国国家空间研究设计的地球观测卫星，相比于Landsat系列，空间分辨率有了提高，达到了20 m，但是由于它仅具有4个光谱波段，所以在地表变化研究的应用不是很广(Wolter et al.，2009)。CBERS卫星由中国和巴西联合研制，是我国第一颗数据传输型资源卫星，具有20～256 m分辨率的11个波段，由于免费下载，近年来结合Landsat数据在地物研究方面得到广泛的应用(Bian et al.，2006;Liu et al.，2009;Ma et al.，2007)。其他卫星遥感数据如高分辨率的IKONOS、Quickbird和GF1-7号等，虽然数据分辨率很高，但是在长时间序列其空间覆盖度较差，使得大区域尺度地表变化监测方面的研究较少(Wan et al.，2016)。

微波遥感是用微波设备来探测、接收被测物体在微波波段(波长为1 mm～1 m)的电磁辐射和散射特性，以识别地物特征(戴昌达 等，2004)。常用的微波传感器有ERS-1、ERS-2、JERS-1、RADSARSAT以及近期发射开始广泛应用的Sentinel-1等合成孔径雷达(Synthetic Aperture Radar,SAR)。微波遥感不仅可以区分地表类型，而且具有全天候的探测能力和能够穿透云雾的本领，可以在一定程度上弥补光学遥感受天气、气候和地面条件等影响的不足(Sanyal et al.，2004;唐伶俐 等，1998)。特别地，水体强烈吸收微波，影像为暗黑色，其他地物影像较为明亮，其微波特征较其他地物更加显著，利用SAR影像还可用于评价和改善光学传感器的水体提取精度，获得更精确、全面的水体动态变化信息。例如，Alsdorf等(2007)利用日本雷达观测卫星(ALOS)的PALSAR数据穿透植被冠层，有效地剔除挺水植被的干扰，更为准确地提取了水体信息。然而，雷达遥感获取水域面积的应用并不如光学遥感广泛，主要因为雷达观测易受风浪的干扰，导致无法获得准确的反演结果，由于某些极端复杂的情况(如高亮度)，地表复杂性导致传感器饱和而无法进行有效探测(Smith et al.，1998)。

综上所述，由于各种卫星传感器对地同一区域获取的遥感图像数据越来越多，可以提供包括多时相、多光谱、多平台和多分辨率的图像，为地表研究提供了有效的数据支撑。然而，多光谱粗空间分辨率高时间分辨率的遥感数据(AVHRR、MODIS、VIIRS)能够有效地进行大区域长时间序列的地表变化分析，但是由于空间分辨率的限制，对于中小尺度区域地物类型存在明显误差(Vikhamar et al.，2003)。近地轨道卫星虽然可以提供有较高空间分辨率的光学或雷达遥感数据，由于时间分辨率还不够，难以抓住地表，特别是洪水等陆地水体的快速变化过程。随着计算机技术的发展，遥感数据的预处理，如大气校正(Vermote et al.，2002)、地形校正(Conese et al.，1993)、辐射校正(Roujean et al.，1992)等技术日趋成熟，克服单一信息源不足，综合各类遥感信息使得大范围、高精度、动态的地表信息遥感监测成为可能。

1.2.2 水体监测方法研究进展

对于陆地水体的认识，过去大多基于站点观测方法(如水文站水位观测)人工或自动地获取点上水体信息，分析计算获得区域水体信息。下垫面地理条件及经济设施因素限制，会造成一定的盲区，使得站点观测数据和模型输入参数存在很大欠缺(Papa et al.，2010)。在卫星遥感技术广泛应用前，水体研究主要依据地形图等地图数据。例如，Armenakis 等(2003)利用扫描地形图通过阈值和纹理方法来检测和提取加拿大北部的湖泊等要素。进入到航空摄影阶段后，航空摄影图片成为主要数据源。Hallberg 等(1973)和 Morrison 等(1973)利用航空摄影照片分别获取了美国 Iowa 和 Arizona 的洪水淹没范围。

随着计算机技术、光电技术和航天技术的不断发展，卫星遥感可快速、准确、及时地获取大区域的地表覆盖情况，已被广泛地用于地表水体信息监测。水体信息有多种类型：水体范围信息(水体的数量、分布、面积等信息)(马荣华 等，2011)、水体高程信息(Duan et al.，2013)、水色信息(水体颜色)(姜广甲 等，2012)、水温信息(王得玉 等，2008)等，而水体范围信息是获取其他信息的基础，显得尤为重要。国内外研究针对各种传感器的不同特点已发展出了有针对性的地表水体提取方法。目前地表水遥感监测方法应用比较广泛的主要分为两类：光学遥感监测法和雷达卫星遥感监测法。

(1)光学遥感监测法

光学遥感技术提取水体的基本依据是水体和其他地物在可见光和近红外波段内的光谱反射差异。在计算机技术发展初期，水体提取方式是目视解译法，费时费力，不适宜于大区域长时间序列的水体提取。随着计算机技术的发展，国内外许多学者开展了遥感自动水体提取研究，传统的水体自动提取方法主要分为以下 5 种。

① 单波段阈值法：由于水体在近红外波段反射率较低，而其他地物则不然，利用这一特性，选取单一的红外波段，设定一个阈值来确定水体信息。早期所用的遥感影像多为 Landsat TM(Braud et al.，1998；Frazier et al.，2000；Jupp，1985；Møller-Jensen，1990；刘建波 等，1996；陆家驹 等，1992)。阈值法使用简单，计算量少且运行时间少(Ryu et al.，2002)。但该方法只利用水体在某一波段的光谱特征，而忽略了水体在其他波段的光谱特征。同时，该方法无法区分水体、云和山体阴影等(吴赛 等，2005)。此外，水光谱反射率由于水深、叶绿素浓度、悬浮物和水体有机质含量等不同，存在较高的时空变异性，单一波段上基于一个标准固定的阈值很难在大尺度上将水体准确地分离(Jain et al.，2005)。

② 谱间关系法：通过地物不同光谱之间的一系列组合运算来提取水体信息(江晖，2006)。谱间关系法精度比较高，已有不少学者利用谱间关系法建立了很多水体提取模型，取得了较好的效果(周成虎 等，1999；丁莉东 等，2006b；汪金花 等，2004；徐金鸿 等，2008；杨英莲 等，2003；张明华，2008)。但是该方法较为复杂，不同地域相差极大，不同地域需设定不同的关系模型。

③ 多波段运算法：通过分析水体与背景地物的波谱曲线特征，找出他们之间的变化规律，进而设计算法减少地形或山体阴影等环境因素的影响(赵英时，2013)。常用的有比值法、差值法、水体指数法等。近年来，水体指数法是应用最为广泛的水体识别方法。McFeeters(1996)根据水体光谱特征，提出了归一化水体指数(Normalized Difference Water Index，NDWI)，利用水体在绿波段和近红外波段的光谱反射来增强水体在影像上的表现。Xu(2006)发展了修

正的归一化水体指数(Modified Normalized Difference Water Index,MNDWI),可以有效地消除水体与建筑物阴影的混淆。随后相继衍生出了各种指数:联合穗帽变换的湿度指数(Tasseled Cap index of Wetness,TCW)(Crist,1985),增强型水体指数(Enhanced Water Index,EWI)(Wang S et al.,2015),陆地表面水体指数(Land Surface Water Index,LSWI)(Xiao et al.,2005)以及自动水体提取指数(Automated Water Extraction Index,AWEI)(Feyisa et al.,2014)。尽管新的水体指数通常以阈值更加稳定作为研究目标,但是由于影像获取时大气和光照条件的差异,并不存在独立于影像的固定阈值。对于范围较大的研究区,为每一景遥感影像寻得合适的阈值需要耗费较大的人力和物力,因此大范围区域水体的提取不适于水体指数方法(孙芳蒂 等,2014)。

④ 色度判别法:为了提高水体识别效果,利用卫星资料绿、红和红外波段的综合信息来区分绿色系数和红色系数,从而确定水体位置(陆家驹 等,1992)。色度识别法识别水体的效果优于红外单波段,但系数的确定仍需人工确定。

⑤ 图像变换法:主要分为以下 3 类:主成分分析(Principal Component Analysis,PCA),利用主成分分析运算,将地物特性的复杂性降低到三维以下,描绘出分类关系来区别水体与其他地物(Lira,2006;Rokni et al.,2014);缨帽变换(Tasselled Cap Transformation),将光谱通过正交线性变换到亮度、绿度和湿度 3 个分量上来反映地表的水分信息(Ouma et al.,2006);彩色变化(Hue-Saturation-Value colour-space transformation,HSV),将对水体敏感的波段(短波红外、近红外和蓝绿波段)进行标准变换到明度、色度和饱和度空间(Smith,1978)。观测状况的变化只影响饱和度,其次色度,只有地表类型发生变化,如陆地变为水体,色度才发生明显变化。因此被应用于水体实时变化监测(Pekel et al.,2014)。

传统的光学遥感提取方法均存在一定的局限性,近年来,随着遥感分类技术的发展,水体识别方法也在不断发展,水体识别方法包括:机器学习算法、数学形态学法和混合像元分析方法等。

① 机器学习算法:分类方法是机器学习算法在遥感中的一个应用,常用于土地覆盖分类研究,包括监督分类方法和非监督分类方法。常用的监督分类方法包括最大似然法(Maximum Likelihood Classifier,MLC)(Kingsford et al.,1997),最小距离法(Minimum Distance Classifier)(李石华 等,2005),决策树(Decision Tree)(Friedl et al.,1997),支持向量机(Support Vector Machine,SVM)(Melgani et al.,2004),随机森林(Random Forest)(Witten et al.,2016)等。上述方法的特点是需要人工选择训练样本,分类结果除了和算法能力相关,也和样本质量相关(Foody et al.,1996)。传统的训练样本一般通过实地采样或结合现有的资料,如 Google Earth 高分辨率图像获取。近几年产生了一些样本自动选择的方法,对于各种地物类型的特征设定严格阈值从初期分类结果中提取训练数据,如果一个未分类的像元隶属于某一类的可能性最高,则该像元被认为是那一类的悬链样本,从而达到扩展训练样本的目的(Feng et al.,2016;Maulik et al.,2011)。除了直接利用分类器外,通过一些先验知识的加入可以大大提高分类精度。例如提取规则农田,可以加入纹理特征、物候信息(Waldner et al.,2015)。提取山区森林,可以加入 DEM、物候信息(Dorren et al.,2003),尤其物候信息对于落叶和常绿林的区分大有帮助(Xiao et al.,2002)。对于湿地和水体的自动提取,可以选择加入土壤湿度、降水等特征,考虑它们多处于低洼地带,从而提高分类精度(Wang et al.,2002)。非监督分类方法常用的算法包括 K-mean(Gao et al.,2012)和迭代自组织数据分析算法

(Interative Self-organizing Data Analysis Techniques Algorithm,ISODATA)(Olmanson et al.,2008)。ISODATA 过程需要不断地重复并且利用其他资料,先验知识进行人工交互来确定最终结果,过程较为复杂。然而,传统机器学习方法识别水体需要依靠人工经验提供合理输入特征,这些特征往往为光谱信息、用于表征某种特征的指数,这些输入特征难以表示复杂的纹理以及形态(Huang X et al. 2015)。深度学习为机器学习领域的最新进展,其通过分层抽象图像特征,学习样本数据的内在规律,在表征复杂的纹理和空间结构方面表现出色,可以高度概括和提取图形图像特征(Chen et al.,2011; Roufosseet al.,2019),而人工神经网络、支持向量机和随机森林等传统机器学习方法难以提取这些信息。自 2015 年开始,深度学习技术已广泛应用于遥感影像地物监测(Längkvist et al.,2016;Nogueira et al.,2017)。例如,沈骏翱等(2022)基于国产 GF-6 数据利用深度神经网络挖掘高分辨率遥感影像信息,同时引入注意力模块,整合深层信息与浅层地物的形状、结构、纹理和色调等信息,建立了基于深度学习语义分割模型的水体提取方法。

② 数学形态学法:目标的形状可以用一些独立的参数或参数组合进行描述,也可借助其边界信息进行描述,数学形态学的基本运算是腐蚀和膨胀。利用这两种运算可以组合成多种算子,如开、闭、高帽、低帽、边缘提取等算子,达到研究所期望的结果。已有很多学者利用数学形态学算法实现水体信息提取(Jiang et al.,2014;杨树文 等,2010;翟辉琴,2006)。

③ 混合像元分析等其他方法:由于遥感影像空间分辨率的限制(AVHRR、MODIS 和 SPOT VGT 等),混合像元常常是多种地物光谱特性的综合反应。随着遥感技术的发展,为了更精准地、实时地监测水体,消除混合像元影响,应用较为广泛的方法为光谱混合分析(Spectral Mixture Analysis,SMA)和遥感影像融合方法。光谱混合分析方法找出混合像元中水体的比例,结合多端元光谱混合分析(Multiple Endmember Spectral Mixture Analysis,MESMA),可获取每个像元中各个端元(水体、裸地、草地和其他等)的物理解译信息(Gong et al.,1993;Roberts et al.,1998;Shen et al.,2003)。数据融合方法通常将多光谱波段融入其他更高空间分辨率的遥感数据,以提高原始的多光谱数据的空间信息分辨能力,以融合的多光谱遥感影像为基础进行水体提取。数据融合方法多样,将在 2.1 节详细介绍。

(2)雷达卫星遥感监测法

雷达卫星影像波段信息相对较少,原理是利用单极化成像模式,依据地物后向散射系数、纹理特征、轮廓等判断地物类型,针对水体的提取方法主要分为 3 种:基于阈值分割方法、基于形态学方法和基于对象特征方法。

① 阈值分割是雷达图像水体提取的一种比较常用的方法。大多数研究采用假设检验以及多次迭代等方法获取阈值将图像转为二值图像。例如,常用的自动阈值算法为 Otsu。申邵洪等(2008)提出了一种基于 KI 算法的水面信息自动变化检测方法,利用 ASAR 数据进行多时相影像比较,然后利用直方图分析水体和其他地物在影像上的差异,并用 log-ratio 算子生成差异图像,在差异图像服从泛高斯分析的前提下,用基于高斯分布的单阈值算法快速准确地提取出水体信息。

② 阈值法只利用考虑影像本身的水体反射特征,高度依赖于影像质量,受水体周围地物反射影响,形态学方法解决了这一问题。朱俊杰等(2005)考虑到高分辨率 SAR 图像上水体边界明显,通过形态学的方法实现了水体边界自动准确地检验;张怀利等(2009)加入了形态学处理,并结合了信息跟踪算法对水体信息进行检测。

③ 基于对象特征的方法是结合水体的对象信息提取水体，对象信息主要包括纹理信息以及水体的一些几何信息。基于纹理信息，利用 SVM 分类研究了单波段单极化 SAR 图像水体和居民地信息提取方法，准确地提取了水体和居民地信息。

1.2.3 全球或区域水体数据库研究进展

全球或区域水体变化监测可以很好地反映全球环境变化，因此大范围的水体数据显得尤为重要。近些年，随着计算机技术的发展，已经产生了一些全球尺度的水体数据库(表 1.1)。

表 1.1 全球已有的水体数据库

产品	分辨率	范围	水体频率	文献
SWBD	1 弧秒(约 30 m)	60°N—54°S	无	
MOD44W	7.5 弧秒(约 250 m)	90°N—90°S	无	Carroll et al.，2009
GLWD	30 弧秒(约 1 km)	90°N—60°S	水类型分类	Lehner et al.，2004
GIEMS	25 km	90°N—90°S	月洪水范围	Papa et al.，2010
GIEMS-D15	15 弧秒(约 500 m)	90°N—60°S	年平均最大/分钟	Fluet-Chouinard et al.，2015
GLOWABO	0.5 弧秒(约 15 m)	81°N—56°S	无	Verpoorter et al.，2014
GLCF GIW	30 m	81°N—81°S	无	Feng et al.，2016
G3WBM	3 弧秒(约 90 m)	81°N—60°S	多场景分析	Yamazaki et al.，2015
GSW	30 m	90°N—90°S	月	Pekel et al.，2016

SWBD 是 SRTM(Shuttle Radar Topography Mission) Water Body Data 的缩写，是 NGA (National Geospatial-intelligence Agency)生产 SRTM 时的副产品。水系数据体现的是 2000 年 2 月的水文特征。SRTM Version2 数据比以前的 SRTM DEM 改善的原因就是找出图像中水体部分并改变使其变为平坦部分。水体部分的提取以 SRTM 获得的雷达图像为基础，同时参考了包括 Landcover 以及其他来源的水体地图作为辅助数据(蔡玉林 等，2008)。该水体数据集空间分辨率为 1 弧秒(大约为 30 m)，但是未能覆盖整个全球区域，并且一些大的河流有断流现象。MOD44W 是一个新的 MODIS 250 m 的陆地水体掩膜数据，对于 SWBD 河流断流问题基于 MODIS 反射率数据提取水体进行弥补，对于 SWBD 水体数据范围外的区域基于 MODIS 反射率数据进行决策树分类方法提取水体或陆地，使得 MOD44W 水体数据覆盖全球(Carroll et al.，2009)。但是 250 m 的空间分辨率不足以探测小的湖泊或河流，此外，MOD44W 水体数据由于时间的限制(2000 年左右)无法监测水体的长时序动态变化。

Lehner 等(2004)收集了各种已存在的地图和数据制作了比例尺在 1∶1000000 到 1∶3000000 的全球湖泊湿地数据库(Global Lakes and Wetlands Database，GLWD)。该数据库分为三级，第一级包含全球面积大于 50 km^2 的 3000 多个湖泊以及 654 个水储蓄量大于 0.5 km^3 的水库。第二级数据包含面积较小的(大于 0.1 km^2)的湖泊、水库和河流。第三级数据是栅格数据，分辨率为 1 km，包含湖泊、水库、河流和各种湿地。

基于多源遥感数据(AVHRR，passive microwave Special Sensor Microwave/Imager (SSM/I)和 European Remote Sensing(ERS) satellite active microwave backscattering coefficients)，GIEMS 是利用非监督分类方法在 25 km 的空间尺度上获得了全球逐月的水体范围

(Papa et al.,2010;Prigent et al.,2007)。然而,25 km的空间分辨率不足以探测个体湖泊,1993—2004年水体数据的时效性很难达到水体变化监测需求。因此,Fluet-Chouinard等(2015)利用决策树降尺度方法结合地形信息将GIEMS水体数据降尺度到15弧秒(约500 m),生产了全球平均逐年最小和最大的水体范围数据和1993—2004年最大水体范围数据(GIEMS-D15)。

Verpoorter等(2014)利用GeoCover Circa 2000产品结合监督分类法、阈值法、纹理分析(过滤和分割),以及矢量化和GIS阴影去除法生产了2000年全球0.1弧秒(约15 m)的水体数据(GLOWABO),其中的不足是时效性问题。此外,Feng等(2016)利用Landsat数据在全球尺度上结合MOD44W和DEM高程数据采用样本自动选择的方法利用决策树分类方法生产了全球水体数据(GLCF GIW)。水体空间分辨率随着遥感和计算机技术的发展已逐渐满足陆地生态系统研究,但是水体的实时动态监测还存在很大问题,Yamazaki等(2015)基于Global Land Cover Facility(GLCF)的Landsat Global Land Survey(GLS)数据集的4个不同时期的数据(GLS1990、GLS2000、GLS2005、GLS2010),建立水体频率多景平均指标,利用阈值法自动地生产了一套全球水体淹没频率数据(G3WBM)。Pekel等(2016)利用1984—2015年Landsat数据,在全球尺度上通过人工解译获取大量的水体样本,采用决策树分类方法分析了全球水体变化(GSW)。

在区域尺度上,在中国区域内水体数据由于成本限制,其期限常跨5~10 a,时间分辨率较低。中国科学院南京地理与湖泊研究所通过一定的解译规则,利用CBERS、TM、ETM+卫星影像确定了中国范围4期湖泊数据库,分别为1975、1990、2000和2005年(Ma et al.,2010)。牛振国等(2012)基于Landsat MSS/TM/ETM+和中巴资源卫星遥感影像数据,以人工解译为主,完成了中国近30 a 4期(1978、1990、2000和2008年)湿地遥感制图,其中湿地类型中包含了中国所有的湖泊、河流和水库。中国湖泊数据库和中国湿地数据库的完成均是在大量卫星影像和实地调查数据的基础上,以人工解译的方式获得,取得了较高的精度。在青藏高原地区,Jiang等(2014)基于Landsat影像利用分水岭分割算法提取了青藏高原地区2000年水体范围。然而大多研究都集中在典型湖泊的动态变化,如青海湖、纳木错、色林错、扎陵湖和鄂陵湖(Li et al.,2012;杨日红 等,2003)。Liao等(2013)、闫立娟等(2015)分析了青藏高原所有面积大于10 km^2的湖泊,发现不同地理位置和气候区的湖泊在时空上呈现不同的变化模式。同样地,武慧智等(2007)以青藏高原20世纪70年代MSS影像数据与2000年ETM+影像数据为主要信息源,基于RS和GIS技术研究了近30 a来青藏高原湖泊面积的动态变化。长时间序列的湖泊变化分析一般会选择几个离散时期进行湖泊变化研究,而湖泊变化具有季节性特征,这种间隔时间较长的湖泊变化分析很难真实地反映湖泊的变化趋势。对于中亚地区湖泊的研究更是欠缺,对于中亚干旱区水体变化研究,也主要集中于单个湖泊水域面积变化的描述,缺乏长时间序列湖泊水面精细化监测(白洁 等,2011)。例如,吴敬禄等(2009)基于遥感数据描述了咸海近几十年的面积变化情况。闫强等(2014)基于遥感图像目视解译的方法提取并计算乌兰乌拉湖水体面积。随着水体信息提取技术的发展,有学者对中亚地区及环境接近的其他地区多个湖泊面积变化进行了研究,如白洁等(2011)利用归一化水体指数提取中亚干旱区平原区尾闾湖泊、吞吐湖泊和高山湖泊3类典型湖泊水域边界,从而获得这些湖泊的面积变化信息。成晨等(2015)通过人工解译Landsat影像提取中亚地区7个湖泊信息,获得近30 a的湖泊面积变化。中亚地区区域上水体提取研究甚少,Klein等(2014)利用MODIS数据提取了中亚地区 27 a 水体范围，但粗空间分辨率使得水体提取精度仍存在限制。

即使拥有上述有关全球或区域的水体数据库，但是目前可利用的数据集在中亚干旱区水体变化研究中仍存在一些缺陷。例如，全球尺度上的数据集大多空间分辨率较低，对于反应区域的水体范围和动态变化具有一定的局限性。而且已有的数据缺乏现势也是一个显著特点，目前 Landsat 尺度上已有全球的水体数据，但是大多为单一时间点数据，时效性差，使得水体的动态变化在现有的数据库不能够完全体现。

1.3 研究目标与研究内容

鉴于上述背景，本书针对水体复杂的时空变化特征，开展了基于卫星遥感数据的湖泊提取及其时空变化方法研究，并以亚洲中部地区为例，探讨中亚干旱区和青藏高原地区湖泊时空变化特征和趋势。

- 粗空间分辨率水体提取研究

粗分辨率影像在大范围较大的水体提取研究中有重要的作用，但是全球尺度小面积水体较多，为了精准地监测湖泊变化，本书首先开展了 MODIS 尺度小型水体提取研究。由于 MODIS 传感器宽扫描视场角引起的反射率异向性和混合像元使得细小水体边界的提取存在偏差，本书首先分析 BRDF 效应对水体边界的影响，然后基于已有的降尺度理论基础上，构建了新的降尺度方法来提高 MODIS 数据空间分辨率进行水体提取，并将此方法应用到青藏高原地区。

- 中高空间分辨率（Landsat）水体提取研究

由于粗空间分辨率在小型水体提取的局限性，重点开展了 Landsat 尺度水体提取和变化研究。美国地质调查局（United States Geological Survey，USGS）积累的 Landsat 长期数据使得中高分辨率、大范围、快速地、长时间序列水体变化分析成为可能。本书以亚洲中部地区为应用区，构建了监测湖泊变化的方法体系，结合高性能数据存储和处理能力，提取了亚洲中部地区 2000—2015 年水体时空范围。

- 2000—2015 年亚洲中部地区湖泊时空变化分析

基于 Landsat 尺度水体时空分布数据，利用已有的湖泊数据，提取研究区湖泊时空分布范围。从湖泊数量、面积和分布变化对中亚干旱区和青藏高原地区湖泊变化特征进行分析对比，并对若干典型湖泊从年变化和月变化两方面进行了重点分析，探讨湖泊变化和区域环境变化以及人类活动的关系。

第2章 粗空间分辨率水体提取研究

2.1 概述

粗空间分辨率数据在大范围湖泊面积较大的水体已得到广泛的应用，但粗空间分辨率影像对于小型水体提取最明显的两个局限为传感器宽扫描视场角引起的反射率异向性和混合像元。反射率异向性是自然界中物体对电磁波反射的基本宏观现象，即反射不仅具有方向性，这种方向性还依赖于入射的方向而异。物体的反射辐射/发射与物体表面结构特征及物体物质组成有密切关系，不同物体表面将入射的电磁波向四面八方散射（除吸收外），形成散射通量不同的空间分布，反射的方向性是其材料波谱特征和空间结构特征的函数，这种异向性被称为二向性反射因子（Bidirectional Reflectance Distribution Function，BRDF）。这种异向性在宽视角扫描的影像上更为明显，如 NOAA AVHRR、MODIS、the Multi-angle Imaging Spectroradiometer（MISR）、the Polarization and Directionality of Earth Reflectance（POLDER）和 VIIRS。BRDF 效应带来的反射率差异使得分析地物类型特征存在偏差，大区域或时间序列像元产生明显的反射率异向性效果，给对比或时间序列分析带来影响。

对于粗分辨率遥感影像，由于多光谱遥感图像空间分辨率的限制，一个像元往往覆盖几十甚至几百平方米的地面范围（如 MODIS 数据），可能包含着多种地物类型，这就形成了混合像元。特别是在水体监测中只能应用于大型水体的监测，对于小型水体存在很大的局限性（McCullough et al.，2012）。全球尺度上，大多数水体为小型水体，且在水文生态环境中起着重要的作用（Downing，2010）。为了更精准地、实时地监测地表特征，消除混合像元影响，目前应用较为广泛的方法主要有两种：光谱混合分析（Spectral Mixture Analysis，SMA）（Gong et al.，1993；Roberts et al.，1998；Shen et al.，2003）和遥感影像融合法。本书侧重图像融合方法进行实体提取，遥感影像融合的方法通常将多光谱波段融入其他更高空间分辨率的遥感数据，以提高原始的多光谱数据的空间信息，以融合的多光谱遥感影像为基础，进行地物类型探测。目前常用的图像融合方法主要分为以下 7 种方法：1）Brovery 变换融合法，多光谱高分辨影像可通过降低分辨影像归一化乘以与之相关的高分辨率影像获得（Wang et al.，2005）；2）主成分变换（Principle Component Algorithm），对多光谱影像进行主成分变换，然后用高分辨率影像替代第一主分量进行逆变换得到融合后的影像（Wang et al.，2005）；3）Gram-Schmidt 融合法，对多光谱影像进行 GS 正交变换，用高分辨率影像替代第一主分量进行逆变换得到融合后的影像（于海洋 等，2007）；4）局部均值和方差匹配法（Local Mean and Variance Matching，LMVM），将全色影像的局部均值或基于局部均值和方差值与原始低分辨率光谱影像的相应值进行匹配（De Bethune et al.，1998）；5）最小二乘法（Least Square Fusion Method），应用最小二乘法模拟高分辨率和低分辨率影像和融合影像的关系，通过建立回归的关系进行数据降尺度

(Zhang,2002);6)小波变换,通过小波变换对变换区实现分频,在分频基础上进行遥感影像融合(王海晖 等,2004);7)地理空间插值法,通过插值模型如线性均值、克里金和多项式插值法,生成不同空间分辨率数据(Pardo-Igúzquiza et al. ,2006;Sales et al. ,2013;Wang Q et al. ,2015)。

MODIS数据以覆盖区域广和逐日回访周期等优势,在水体变化分析中应用比较广泛(Huang et al. ,2014;Lunetta et al. ,2006)。500 m空间分辨率使得分析小型湖泊的变化存在一定的局限性(Vikhamar et al. ,2003),本章首先探究了MODIS BRDF效应对水体的影响,然后以最小二乘法融合方法为核心,基于已有的修正自适应回归降尺度方法(Modified Adaptive Regression,MAR)(Che et al. ,2015),对MAR方法进行优化来提取MODIS尺度水体范围。

2.2 MODIS BRDF效应影响

2.2.1 MODIS BRDF模型

MODIS BRDF模型被称为RossThinck-Li-SparseR(RTLSR)。其理论基础是核驱动的线性模型,利用具有一定物理意义的核线性组合模拟地表的二向性反射特征。二向性反射可以分解为各向同性反射(常量)、体散射和几何散射三部分权重之和,每个部分使用不用的BRDF模型,在MODIS 16 d观测内利用最小二乘法组合成一个新的BRDF模型。这种模型适用于MODIS产品,也叫作二向性反射的"核驱动模型"(Roujean et al. ,1992)。核驱动模型如下:

$$\rho(\theta,\vartheta,\varphi)=k_0+k_1F_1(\theta,\vartheta,\varphi)+k_2F_2(\theta,\vartheta,\varphi) \tag{2.1}$$

式中:ρ为方向性反射率,本书所用的为MOD09GA科学数据集(表2.1);F_1为体散射的核;F_2为几何散射的核;θ为太阳天顶角;ϑ为观测天顶角;φ为θ、ϑ之间的相对方位角,相对应地,k_1、k_2为核权重;k_0为$\theta=\vartheta=0$的方向性反射率。

体散射核(RossThick核)的表达式为

$$F_1=\frac{(\pi/2-\xi)\cos\xi+\sin\xi}{\cos\theta+\cos\vartheta}-\frac{\pi}{4} \tag{2.2}$$

表2.1 MOD09GA科学数据集(21个HDF层)

数据组	科学数据集(HDF层)	单位	有效范围	比例因子
1 km (1)	num_observations_1km:Number of Observations	N/A	0～127	N/A
	State_1km:Reflectance Data State QA	Bit	0～57335	N/A
	SensorZenith	Degree	0～18000	0.01
	SensorAzimuth	Degree	−18000～18000	0.01
	Range:pixel to sensor	Meter	27000～65535	25
	SolarZenith	Degree	0～18000	0.01
	SolarAzimuth	Degree	−18000～18000	0.01
	gflags:Geolocation flags	Bit	0～248	N/A
	orbit_pnt:Orbit pointer	None	0～15	N/A

续表

数据组	科学数据集(HDF 层)	单位	有效范围	比例因子
500 m (2)	num_observations_500 m	None	0～127	N/A
	sur_refl_b01:500 m Surface Reflectance Band 1(620～670 nm)	Reflectance	−100～16000	0.0001
	sur_refl_b02:500 m Surface Reflectance Band 2(841～876 nm)	Reflectance	−100～16000	0.0001
	sur_refl_b03:500 m Surface Reflectance Band 3(459～479 nm)	Reflectance	−100～16000	0.0001
	sur_refl_b04:500 m Surface Reflectance Band 4(545～565 nm)	Reflectance	−100～16000	0.0001
	sur_refl_b05:500 m Surface Reflectance Band 5(1230～1250 nm)	Reflectance	−100～16000	0.0001
	sur_refl_b06:500 m Surface Reflectance Band 6(1628～1652 nm)	Reflectance	−100～16000	0.0001
	sur_refl_b07:500 m Surface Reflectance Band 7(2105～2155 nm)	Reflectance	−100～16000	0.0001
	QC_500 m:500 m Reflectance Band Quality	Bit	0～4294966019	N/A
	Obs_cov_500 m:Observation coverage	Percent	0～100	0.01
	iobs_res:Observation number	None	0～254	N/A
	q_scan:250 m scan value information	Bit	0～255	N/A

注:HDF 为层级数据格式。

式中:ξ 为散射相角,其表达式为

$$\cos\xi = \cos\theta\cos\vartheta + \sin\theta\sin\vartheta\cos\varphi \tag{2.3}$$

几何散射核(LiSparse 核)为

$$F_2 = o(\theta,\vartheta,\phi) - \sec\theta - \sec\vartheta + \frac{1}{2}(1+\cos\xi)\sec\theta\sec\vartheta \tag{2.4}$$

其中

$$o = \frac{1}{\pi}(t - \sin t\cos t)(\sec\theta + \sec\vartheta) \tag{2.5}$$

$$\cos t = \frac{h}{b}\frac{\sqrt{D^2 + (\tan\theta\tan\vartheta\sin\varphi)^2}}{\sec\theta + \sec\vartheta} \tag{2.6}$$

$$D = \sqrt{\tan^2\theta + \tan^2\vartheta - 2\tan\theta\tan\vartheta\cos\varphi} \tag{2.7}$$

$$\theta = \tan^{-1}\left(\frac{b}{r}\tan\theta\right) \tag{2.8}$$

模型中,$h/b = 2$,$b/r = 1$;对于 MODIS 数据,k_0、k_1、k_2 是基于 Terra 和 Aqua 卫星 16 d 有效对地观测,获取不同观测几何并根据最小二乘法原理得到的拟合系数,可利用 MODIS 二向性反射率分布函数和反照率模型参数数据集(MCD43A1)直接获得(表 2.2)。

表 2.2　MCD43A1 数据集信息

SDS 名称	类型	单位	有效范围	比例因子
BRDF_Albedo_Band_Mandatory_Quality_Band1	BRDF Albedo Mandatory Quality for band 1	Bit	0～254	N/A
BRDF_Albedo_Band_Mandatory_Quality_Band2	BRDF Albedo Mandatory Quality for band 2	Bit	0～254	N/A

续表

SDS 名称	类型	单位	有效范围	比例因子
BRDF_Albedo_Band_Mandatory_Quality_Band3	BRDF Albedo Mandatory Quality for band 3	Bit	0～254	N/A
BRDF_Albedo_Band_Mandatory_Quality_Band4	BRDF Albedo Mandatory Quality for band 4	Bit	0～254	N/A
BRDF_Albedo_Band_Mandatory_Quality_Band5	BRDF Albedo Mandatory Quality for band 5	Bit	0～254	N/A
BRDF_Albedo_Band_Mandatory_Quality_Band6	BRDF Albedo Mandatory Quality for band 6	Bit	0～254	N/A
BRDF_Albedo_Band_Mandatory_Quality_Band7	BRDF Albedo Mandatory Quality for band 7	Bit	0～254	N/A
BRDF_Albedo_Parameters_Band1	3D Parameter(iso,vol,geo)	N/A	0～32766	0.001
BRDF_Albedo_Parameters_Band2	3D Parameter(iso,vol,geo)	N/A	0～32766	0.001
BRDF_Albedo_Parameters_Band3	3D Parameter(iso,vol,geo)	N/A	0～32766	0.001
BRDF_Albedo_Parameters_Band4	3D Parameter(iso,vol,geo)	N/A	0～32766	0.001
BRDF_Albedo_Parameters_Band5	3D Parameter(iso,vol,geo)	N/A	0～32766	0.001
BRDF_Albedo_Parameters_Band6	3D Parameter(iso,vol,geo)	N/A	0～32766	0.001
BRDF_Albedo_Parameters_Band7	3D Parameter(iso,vol,geo)	N/A	0～32766	0.001

2.2.2 MODIS BRDF 校正方法

基于 MODIS BRDF 模型，本书采用 c-factor 方法将 MOD09GA 校正到标准的观测几何位置（太阳天顶角为 45°，观测天顶角为 0°），校正公式如下：

$$\rho(\theta_{so},\theta_{vo},\phi_o)=k_0+k_1F_1(\theta_{so},\theta_{vo},\phi_o)+k_2F_2(\theta_{so},\theta_{vo},\phi_o) \tag{2.9}$$

$$\rho^N(\theta_{sp},\theta_{vp},\phi_p)=k_0+k_1F_1(\theta_{sp},\theta_{vp},\phi_p)+k_2F_2(\theta_{sp},\theta_{vp},\phi_p) \tag{2.10}$$

$$\frac{\rho(\theta_{so},\theta_{vo},\phi_o)}{\rho^N(\theta_{sp},\theta_{vp},\phi_p)}=\frac{1+\dfrac{k_1}{k_0}F_1(\theta_{so},\theta_{vo},\phi_o)+\dfrac{k_2}{k_0}F_2(\theta_{so},\theta_{vo},\phi_o)}{1+\dfrac{k_1}{k_0}F_1(\theta_{sp},\theta_{vp},\phi_p)+\dfrac{k_2}{k_0}F_2(\theta_{sp},\theta_{vp},\phi_p)} \tag{2.11}$$

$$\rho^N(\theta_{sp},\theta_{vp},\phi_p)=\rho(\theta_{so},\theta_{vo},\phi_o)\frac{1+F_1(\theta_{sp},\theta_{vp},\phi_p)+F_2(\theta_{sp},\theta_{vp},\phi_p)}{1+F_1(\theta_{so},\theta_{vo},\phi_o)+F_2(\theta_{so},\theta_{vo},\phi_o)} \tag{2.12}$$

式中：ρ 为待校正的地表反射率（MOD09GA）；ρ^N 为需要校正到标准的太阳几何观测的反射率；θ_{so}、θ_{vo} 和 ϕ_o 分别为 MOD09GA 的太阳天顶角、观测天顶角及其两者的相对方位角；θ_{sp}、θ_{vp} 和 ϕ_p 分别为标准观测几何的太阳天顶角、观测天顶角及其两者的相对方位角；k_0、k_1、k_2 分别为各向同性散射、体散射和几何光学散射系数，可从 MCD43A1 数据集中获取（表 2.2）。

2.2.3 MODIS BRDF 校正对水体的影响

利用 MODIS BRDF 校正方法，本节以亚洲中部地区（Tile：h23v04）为试验区（400 km×

300 km)，将 MOD09GA 的 SR 数据校正到标准的太阳和观测几何位置。图 2.1a 为 MODIS 500 m 空间分辨率波段合成影像，图 2.1b 为 MODIS BRDF 校正结果。差异较大的太阳和观测几何使得影像存在明显的 BRDF 效应，校正后影像质量得到改善(图 2.2)。

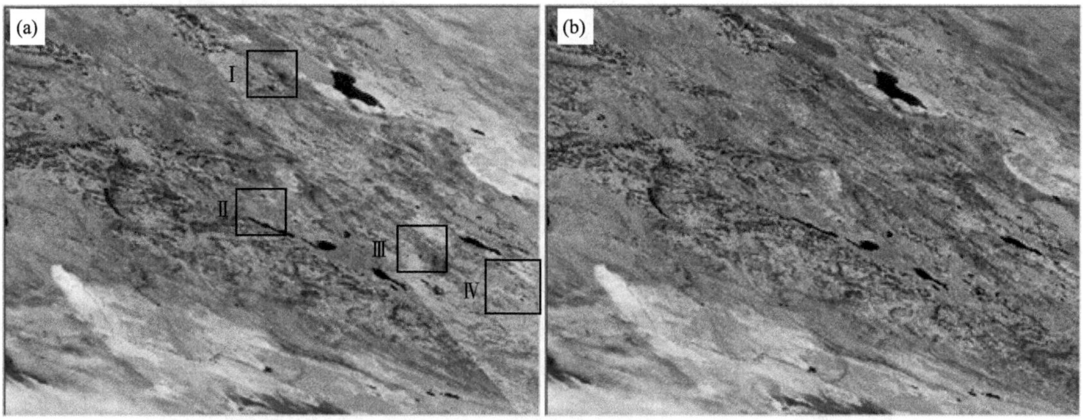

图 2.1　中亚测试区降尺度后 BRDF 校正前(a)和校正后(b)的 624 波段合成图(附彩图)
(时间:2010 年 10 月 4 日;位置:h23v04)

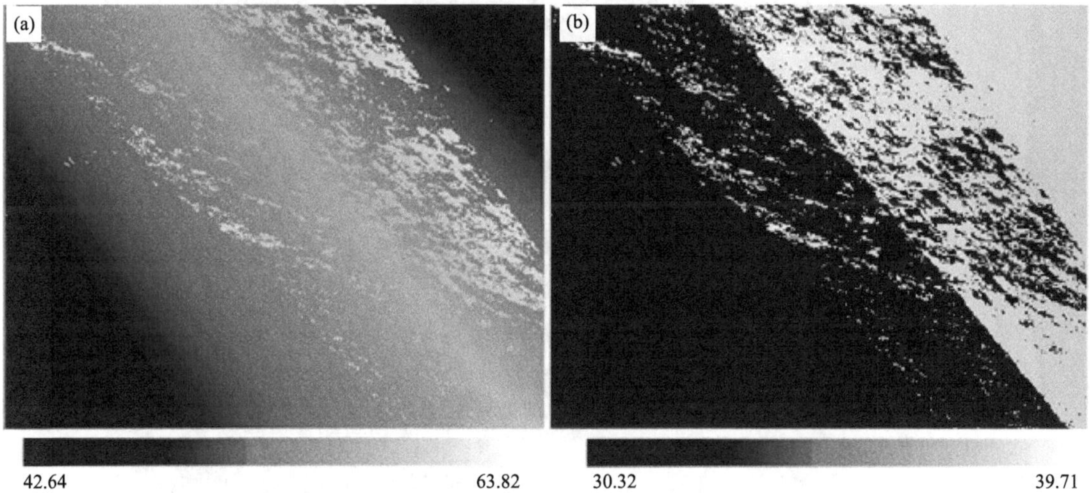

图 2.2　影像对应的太阳天顶角(a)和观测天顶角(b)

图 2.1a 中，Ⅰ、Ⅱ、Ⅲ 和 Ⅳ 为该区域四个湖泊，湖泊面积分别为 6 km^2、52.15 km^2、1.96 km^2 和 2.52 km^2。本章利用 MNDWI 通过简单的阈值(0.1)对该研究区水体进行提取，图 2.3 为该区域四个湖泊的水体提取范围，由图可知，由于 BRDF 影响，湖泊和陆地边界模糊(第一列)，出现了较多的混合像元使得水体提取误差较大。BRDF 校正后(第二列)，消除了太阳和观测角度的影响，湖泊和陆地的边界明显，水体提取结果更加接近于同时期的 Landsat 影像(第三列)，表明水体提取时 MODIS BRDF 校正预处理的必要性，并且也有研究已利用 MODIS BRDF 校正后的影像(MODIS NBAR)提取水体结果。

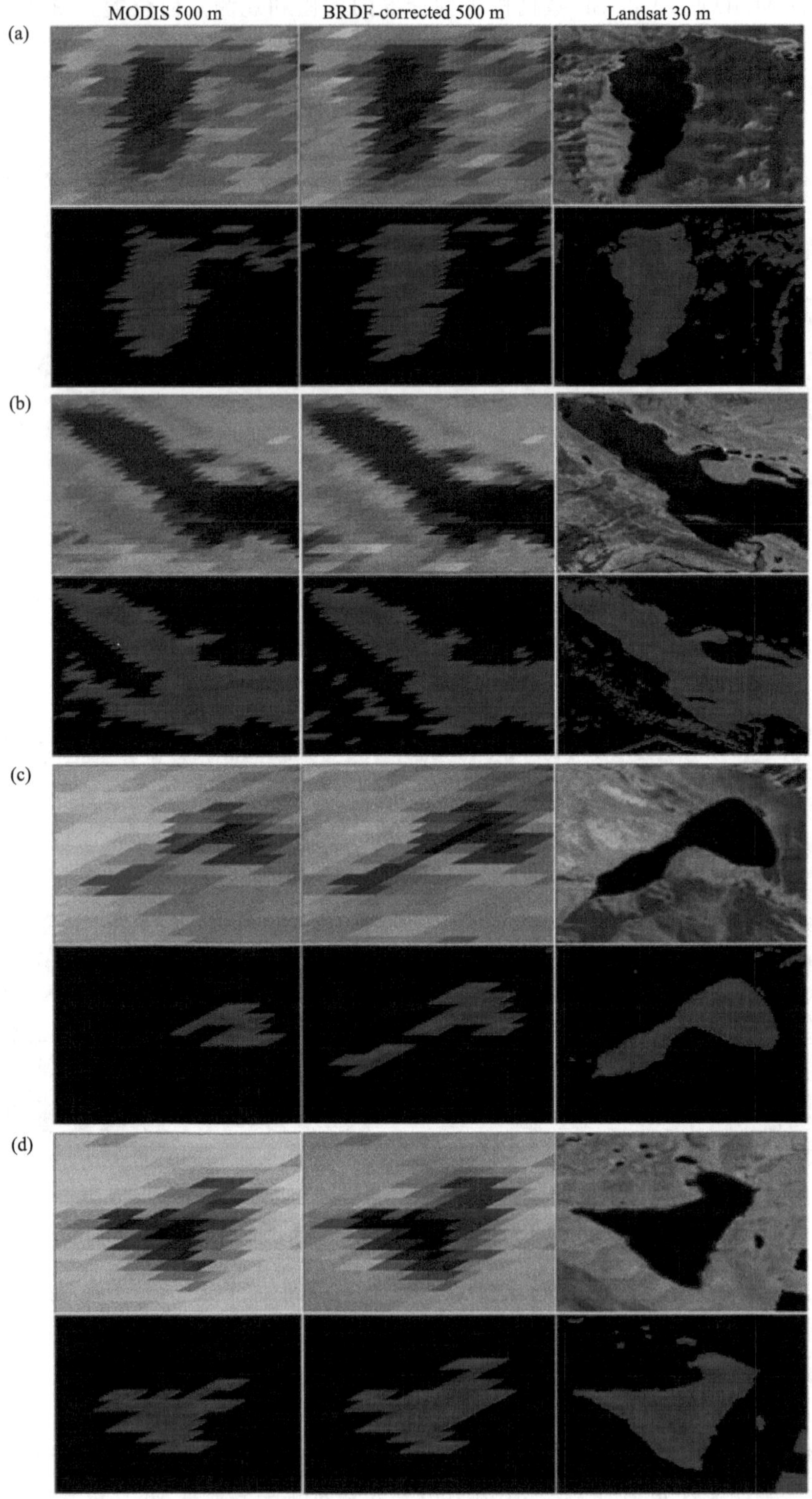

图 2.3　MOD09GA 数据 BRDF 校正前后水体结果(校正前:第一列;校正后:第二列)和 Landsat 影像提取结果(第三列)对比图

(各分图(即 a、b、c、d)的第一行代表彩色合成影像,第二行代表水体提取结果)

2.3 MODIS 降尺度方法研究

2.3.1 研究区概况

为了评价 MODIS 数据降尺度后水体提取效果，本书选取青海省玛多县中部的四个湖泊(龙日阿错(湖泊 I，34°52′ N，98°55′ E)、星星海(湖泊Ⅱ，34°49′ N，98°06′ E)、阿涌吾尔玛错(湖泊Ⅲ，34°47′ N，98°12′ E)、阿涌该马错(湖泊Ⅳ，34°46′ N，98°17′ E))为研究对象，主要是由于这四个湖泊面积小、湖泊形状复杂和历史上水体面积波动较大等特点(Aiazzi et al.，2002)，能够更加有效地评价降尺度方法(图 2.4)。玛多，藏语意为“黄河源头”，位于青海省果洛藏族自治州西北部玛多县，地处青海省南部。玛多县是黄河发源地，境内河流密集、湖泊众多，全县共有大小湖泊 4077 个，鄂陵湖、扎陵湖、冬格措纳湖、星宿海、黄河等汇成了丰富的水利资源。玛多县主要的土地覆盖类型为草地，几乎占玛多县总面积的 77.93%，草地存在明显的沙化现象(Zhang et al.，2007)。

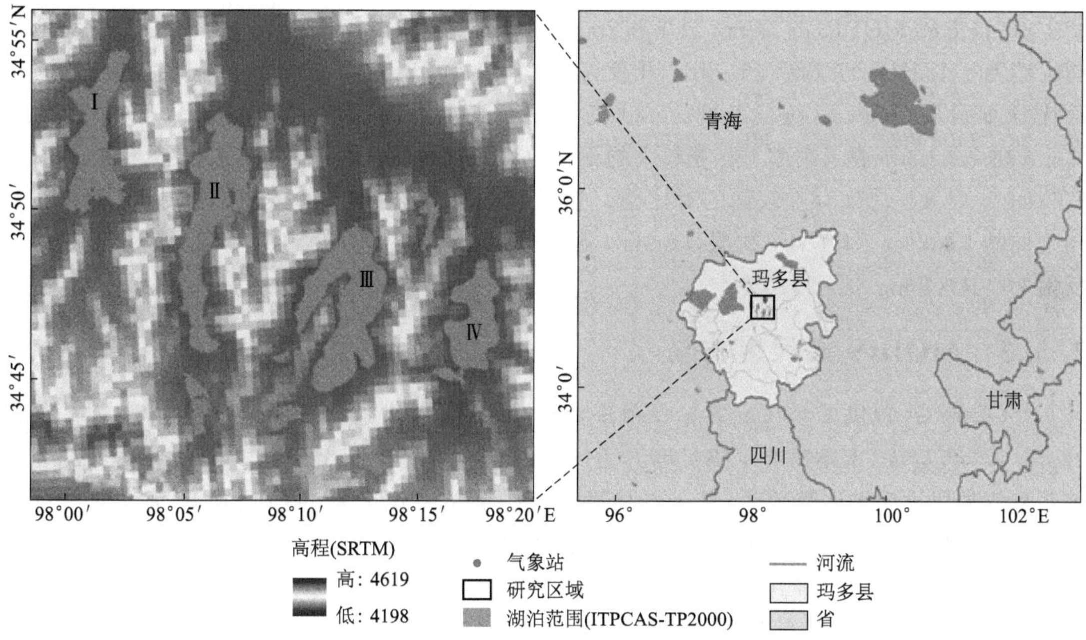

图 2.4　玛多县湖泊的空间分布(附彩图)
(左图底图为 90 m SRTM DEM)

2.3.2 数据类型及来源

本章采用的数据是 MODIS Level3 反射率产品 MOD09GA/MOD09GQ(来自 http://modis.gsfc.nasa.gov)，其数据格式为 HDF-EOS。MOD09GA 提供了 $B_{1\text{-}7}$ 的逐天地表反射率，空间分辨率为 500 m，投影为正弦曲线投影(sinusoidal)。MOD09GQ 提供了 $B_{1\text{-}2}$ 的逐天地表反射率，空间分辨率为 250 m。两个数据集还包括 14 个参考子数据集，分别为反射率数据质量、太阳天顶角、观测天顶角以及数据采集时间等，这些辅助数据集为处理和使用反射率波段提供了重要的参考信息(表 2.3)。

表 2.3 MODIS 和 Landsat 7 ETM+波段信息对比

波段	MODIS 波段	MODIS 分辨率/m	MODIS 波段宽度/nm	Landsat 7 ETM+ 波段	ETM+ 分辨率/m	ETM+ 波段宽度/nm
R	1(B_1)	250	620～670	3	30	630～690
NIR	2(B_2)	250	841～876	4	30	780～900
B	3(B_3)	500	459～479	1	30	450～520
G	4(B_4)	500	545～565	2	30	530～610
SWIR1	6(B_6)	500	1628～1652	5	30	1550～1750
SWIR2	7(B_7)	500	2105～2155	7	30	2090～2350

为验证降尺度方法的有效性,选择与 MODIS 表面反射率(Surfacc Reflectance,SR)数据同一个时间的 Landsat 7 ETM+影像数据作为参考的 SR 数据,选择此数据主要因为以下两个方面:1)搭载 MODIS 的 Terra 卫星和 Landsat 7 运行于同一轨道,且 Terra MODIS 对地观测大约晚于 Landsat 7 观测 15 min。相反,Landsat 5 与 Terra 卫星位于不同轨道导致双向反射比分布函数(Bidirectional Reflectance Distribution Function,BRDF)效果,使得 MODIS Terra 和 Landsat 5 在反射率上存在较大的不一致性;2)研究表明 MODIS 6 个波段和 Landsat 7 ETM+ 6 个波段之间存在较强的对比性。为了避免 SLC-off 引起的条带,本书只选择了 2003 年之前的 Landsat 7 ETM+数据,Landsat 数据通过 LEDAPS 处理将 DN 值大气校正为地表反射率(SR)(Feng et al. ,2013)。

2.3.3 MODIS 降尺度方法

MOD09GA 提供了 500 m $B_{1\text{-}7}$ 反射率,MOD09GQ 提供了 250 m $B_{1\text{-}2}$ 反射率,为了获得 250 m $B_{3\text{-}7}$ 反射率,本书研究了降尺度方法(图 2.5),主要分为两大部分:基于波段之间的相关关系建立波段之间的线性关系;基于点传播函数(Point Spread Function,PSF)完成对线性回归误差的插值,保证 500 m 和 250 m 尺度上的光谱一致性。

(1)最小二乘法线性回归

根据 MODIS 波段之间的相关性(Kim et al. ,2010),在 500 m 尺度上,以 B_1 或 B_2 为自变量,建立与 B_3 和 B_4 因变量之间的线性关系;以 B_2 为自变量,建立与 B_5、B_6 和 B_7 因变量之间的线性关系。

$$B_j(r,c)=a_iB_i(r,c)+b_i \tag{2.13}$$

式中:r、c 分别为像元所在的行、列号;$i=1$ 或 2;$j=3,4,6,7$;相关系数 a_i 和 b_i 基于最小二乘法获得,即

$$a_i=\frac{\sum_{k=1}^{m}(B_{ik}-\overline{B}_i)(B_{jk}-\overline{B}_j)}{\sum_{k=1}^{m}(B_{ik}-\overline{B}_i)^2} \tag{2.14}$$

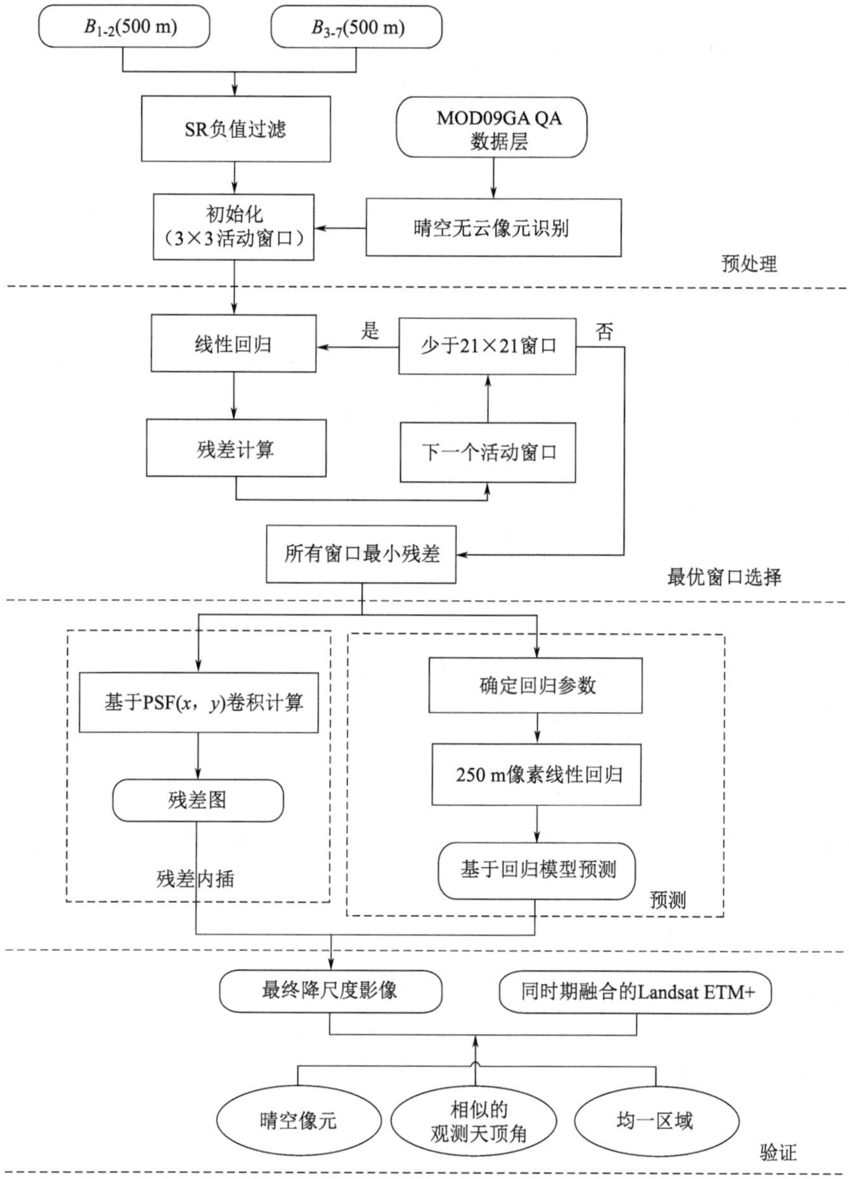

图 2.5　降尺度方法流程图

$$b_i = \overline{B}_j - a_i \overline{B}_i \tag{2.15}$$

(2)最优窗口选择

为了减少不同的气候区、生态区、地理位置变化对地物造成明显的影响，与以往研究中利用影像分块不同(Che et al.，2015)，为了更精准地反映单一地物的反射率关系，本书以目标像元为中心，建立活动窗口，窗口大小在 3×3(0.15 km)扩张到 21×21(10 km)之间变动，根据 MODIS 质量图层(表 2.4)(Vermote et al.，2011)选择晴空像元建立回归方程，并计算目标像元在每一个活动中的回归方程残差，选取残差最小的窗口为最优窗口，窗口内地物比较单一，能准确反映地物的光谱关系。

$$s = \text{Min}\{B_j(r, c) - [a_{j,t} B_j(r, c) + b_{j,t}]\} \tag{2.16}$$

式中：s 为像元值差异；(r,c)为目标像元的行列号；$a_{j,t}$ 和 $b_{j,t}$ 为线性回归系数；j 为波段；t 为时间。

表 2.4 MODIS 反射率质量图层中云和云阴影字节信息和均质阈值

字节位数	参数名	字节链	状态	MODIS 波段	阈值(绝对反射率值)
0～1	云	00	晴空	B_1	0.03
		01	云	B_2	0.06
		10	云混合	B_3	0.03
		11	未定义	B_4	0.03
2	云阴影	1	是	B_5	0.03
		0	否	B_6	0.03

已有研究表明：波段之间的相关关系在不同分辨率上是相似的，因此在 500 m 上建立的回归方程可应用于 250 m 尺度上(Gao et al.，2010)。基于利用最优窗口和最小二乘法建立每一个 500 m 尺度上像元的线性关系，目标像元对应的 4 个 250 m 像元上利用以下公式通过 250 m 上 B_1 和 B_2 可回归 $B_{4\text{-}7}$ 反射率值。

$$B_j(r/2,c/2)=a_iB_i(r/2,c/2)+b_i \tag{2.17}$$

(3)基于 PSF 的回归残差插值

尽管使用最优窗口能有效地提高回归模型的预测精度，实际上很难存在一个完美的线性回归模型可以准确地模拟反射率，为了和 500 m 尺度上的像元保持一致光谱特征，本书利用基于高斯模型的点传播函数对于回归残差插值到 250 m 上。首先以 250 m 像元为中心，在 500 m 尺度上搜索邻域 5×5 活动窗口的像元，统计每个像元的线性回归残差，利用 250 m 上的目标像元中心和活动窗口内每个像元中心的位置关系，建立高斯模型，将活动窗口内像元的残差插值到目标像元上。

$$R(x,y)=\mathrm{PSF}*r(u,w)=\iint \mathrm{PSF}(x-u,y-w)r(u,w)\,\mathrm{d}u\,\mathrm{d}w \tag{2.18}$$

式中：$*$ 为卷积运算；x 和 y 为活动窗口中每个 500 m 像元中心到 250 m 目标像元中心的距离；u 和 w 为 500 m 像元在活动窗口的位置坐标；$r(u,w)$为该位置上粗分辨率像元在降尺度方法中线性回归模型的残差；$R(x,y)$为插值后 250 m 尺度的残差。

$$\mathrm{PSF}(x,y)=k\exp\left(\frac{x^2+y^2}{2\sigma^2}\right) \tag{2.19}$$

传感器的 PSF 指示太阳光如何辐射到某一区域，对于 PSF 进行积分运算可计算某一个像元的反射率，此传感器的 PSF 中二维高斯函数为传播参数，σ 通常设定为半个像元大小，k 是传感器增益值，对于 MODIS 传感器通常设定为 1。最终 250 m 尺度上的像元反射率值为线性回归结果和残差内插之和。

2.3.4 降尺度结果质量评价方法

(1)MODIS-Landsat 7 ETM＋ SR 对比

MODIS 影像与同时期 Landsat 7 ETM＋影像的波段具有可对比性，是验证降尺度反射率的理想参考数据(Feng L et al.，2012)。将原始和降尺度后的 MODIS 影像与同时期 Landsat 7 ETM＋ SR 对比时，为进行逐像元对比，需要进行 MODIS 和 Landsat 影像像元匹配。由于像元匹配时受多方面因素影响，如坐标系统、两者的匹配误差、传感器的点传播函数等，为了减少两者一致性评价时这些因素的影响，对 MODIS 和 Landsat 影像做如下处理。

① MODIS 和 Landsat 影像的投影和空间分辨率均不一致，为了使两者匹配，首先将 MODIS 影像转投影，计算 MODIS 像元内所有 Landsat 像元反射率的均值作为 Landsat 融合到 500 m 空间分辨率的反射率值。

② 在 Landsat 和 MODIS 分辨率上识别均质区域。对于 MODIS 像元，计算以该像元为中心的 3×3 的活动窗口 9 个像元的最大值和最小值，并求其差值。相似地，统计该像元范围内 Landsat 像元的最大值和最小值的差值。两差值均小于给定阈值（表 2.4）的 MODIS 像元被定义为均质像元。

③ 为了减小太阳和观测视场角的不同对反射率值造成的误差（BRDF），MODIS 像元中只有观测视场角小于±7.5°的像元被用作验证对比。

④ 为了减少云的影响，通过 MODIS 和 Landsat QA 图层，将有云像元从对比集中去除。

与融合的 Landsat 7 ETM+SR 对比时，选用相关系数（R^2），绝对误差（MAE），均方根（RMSD）定量化地衡量原始和降尺度后 SR 与参考数据的一致性。

$$\mathrm{MAE}=\sum_{i=1}^{n}\frac{|\mathrm{M}_i-\mathrm{L}_i|}{n} \tag{2.20}$$

式中：M_i 和 L_i 分别为 MODIS 和融合后 Landsat 7 ETM+的 SR 值；n 为对比验证的样点对。为了减少 MODIS 和 Landsat 7 ETM+ SR 值的不确定性，采用简化主轴回归法（Reduced Major Axis，RMA）建立 MODIS 和 Landsat 的线性关系（$M=\alpha+\beta L$），计算截距 α、斜度 β 和回归系数 R^2。

$$\beta=\pm(S_{ML})\sqrt{\left\{\frac{S_M}{S_L}=\pm\left[\frac{1}{n-1}\sum_{i=1}^{n}(M_i-\overline{M})(L_i-\overline{L})\right]\sqrt{\frac{\sum_{i=1}^{n}(M_i-\overline{M})^2}{\sum_{i=1}^{n}(L_i-\overline{L})^2}}\right\}} \tag{2.21}$$

$$\alpha=\overline{M}-\beta\overline{L} \tag{2.22}$$

$$R^2=\frac{{S_{ML}}^2}{S_MS_L}=\frac{\left[\sum_{i=1}^{n}(M_i-\overline{M})(L_i-\overline{L})\right]^2}{\left[\sum_{i=1}^{n}(M_i-\overline{M})^2\right]\left[\sum_{i=1}^{n}(L_i-\overline{L})^2\right]} \tag{2.23}$$

式中：$\overline{M}$、S_M、$\overline{L}$ 和 S_L 分别为 M 和 L 的样点均值和方差；S_{ML} 为 M 和 L 的协方差。

$$\mathrm{MSE}_s=\sum_{i=1}^{n}\frac{(\hat{M}_i-L_i)^2}{n} \tag{2.24}$$

$$\mathrm{MSE}_u=\sum_{i=1}^{n}\frac{(M_i-\hat{M}_i)^2}{n} \tag{2.25}$$

式中：根据 Landsat 7 ETM+ SR 值，利用求得的线性关系（$M=\alpha+\beta L$）预测的 MODIS SR 值 $\hat{M}_i$，系统误差（MSE_s）代表预测的 MODIS SR 和 Landsat 7 ETM+ SR 趋势误差，而非系统误差（MSE_u）代表该趋势周围的波动。因此，RMSD 由 MSE_s 和 MSE_u 计算获得。

（2）光谱保真度评价

影像融合一个重要的评价指标为保持原始数据光谱特性的能力，利用本章的 IMAR 和已有的 MAR 方法对 MODIS 数据降尺度，将原始的 500 m 空间分辨率的数据利用最近邻插值法（Nearest Neighbor Interpolation，INN）插值到 250 m。同样地，对于降尺度前后的数据利用 R^2 和 RMSD 进行对比来评价降尺度结果与原始数据光谱的相似性。

(3)基于水体提取的验证

为验证降尺度结果对于水体提取的有效性，基于原始和降尺度后的 MODIS SR 提取水体，与在 Landsat 7 ETM+同时期影像上人工解译的结果对比。本书利用了 MNDWI 指数，阈值设定为经验值 0.1。为了获得准确的像元精度，依据主导类型原则，统计 MODIS 像元范围内 Landsat 像元中水体像元的个数，如果水体像元个数比率超过 50%，则认为在 MODIS 像元上 Landsat 提取的结果为水体。然后，将原始和降尺度后的 MODIS SR 上水体提取结果与融合的 Landsat 7 水体提取结果叠加，利用混淆矩阵(总体分类精度，A)，错分和漏分误差(E_c，E_o)来验证水体提取精度。

$$\mathrm{MNDWI}=\frac{B_4-B_6}{B_4+B_6} \tag{2.26}$$

式中：B_4 和 B_6 为 MODIS 可见绿波段和短波红外波段，阈值被设定为经验值 0.1。

$$A=N_t/N_r\times 100\% \tag{2.27}$$

$$E_c=N_c/N_r\times 100\% \tag{2.28}$$

$$E_o=N_o/N_r\times 100\% \tag{2.29}$$

式中：A 为 MODIS 影像上水体正确分类的百分比；E_c 和 E_o 分别为错分和漏分百分比；N_r 为人工解译的水体像元的个数；N_t 为 MODIS 影像上提取的水体像元个数；N_c 为 MODIS 影像本来为陆地，错分为水体的像元个数；N_o 为 MODIS 影像上本来为水体，漏分为陆地的像元个数。

2.4 降尺度方法验证与分析

2.4.1 与 Landsat 7 ETM+影像目视对比

图 2.6 展示了在研究区利用 IMAR、MAR、小波变换(Wavelet fusion)3 种降尺度方法获得的 250 m MODIS Band624 波段假彩色合成。由图可知，IMAR 方法在影像上提供更多的影像信息。例如，IMAR 降尺度方法中湖泊的边缘(图 2.6d)和 Landsat 7 ETM+参考数据中湖泊边缘(图 2.6a)更加接近。MAR 降尺度方法中红色噪点像元(图 2.6c)在 IMAR 结果中得以修正。尽管小波变换降尺度结果(图 2.6e)和 Landsat 7 ETM+(图 2.6a)合成影像光谱上更加接近，但是在湖泊边缘的混合像元上仍然存在一些光谱异常像元。

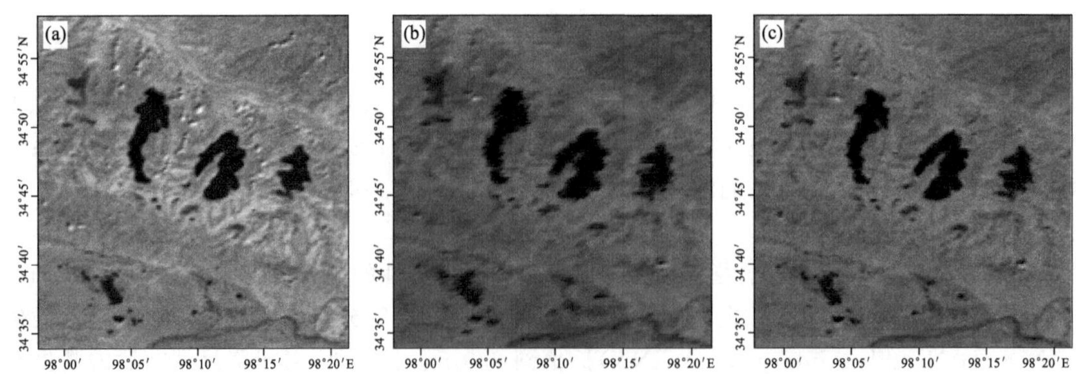

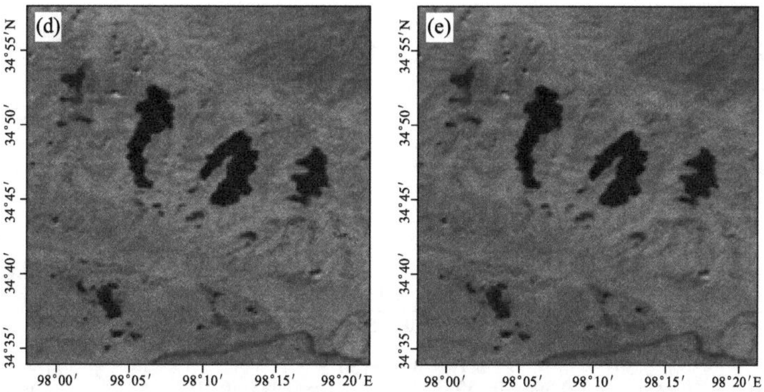

图 2.6　2001 年 9 月 21 日研究区假彩色 624 波段合成(附彩图)

(a)融合到 250 m 的 Landsat 7 ETM+影像;(b)原始的 500 m 空间分辨率 MODIS 影像;
(c)基于 MAR 降尺度结果;(d)基于 IMAR 降尺度结果;(e)小波变换降尺度结果与 Landsat 定量对比

为了定量地评价降尺度方法,通过前面介绍的对比方法,将融合到 MODIS 尺度的 Landsat 数据和降尺度结果进行像元级别对比,用 R^2 和 RMSD 来评价两者之间的一致性。由图 2.7 可知,IMAR 方法(图 2.7e～h)获得的四个波段 SR 和 Landsat SR 具有最高的一致性,可见光蓝波段和绿波段以及两个短波红外波段与 Landsat 数据的拟合系数分别为 1.004、0.996、1.072 和 0.993,R^2 分别为 0.906、0.957、0.990 和 0.966,RMSD 分别为 0.802、0.508、1.714 和 1.135。紧接着,一致性较高的为 MAR 方法(图 2.7i～l),R^2 相比 IMAR 方法有所下降,RMSD 相比增大。明显地,原始 500 m MODIS SR 和 Landsat SR 一致性最差(图 2.7a～d)。对于小波变换降尺度方法(图 2.7m～p),可见光蓝波段和绿波段与 Landsat 具有较高的一致性(R^2:0.868 和 0.947;RMSD:0.766 和 0.554),而两个 SWIR 波段由于边界异常像元 R^2 小于 0.6。由图 2.7o～p 可知,应用小波变换,SR 比较低的像元(大多为水体)会导致较高的 SR,限制了小波变化在水体提取方法方面的应用。

2.4.2　光谱保真度对比

为了验证降尺度结果能否有效地保持原始 500 m 影像的光谱特征,将 IMAR、MAR 和小波变换降尺度结果分别和原始的 500 m MODIS SR 进行了逐像元对比。由表 2.5 可知,对于降尺度后的四个波段,MAR 方法的 R^2 为 0.805,RMSD 为 4.055,而 IMAR 方法的 R^2 增加到 0.919,RMSD 几乎减少了一半降到 2.585。特别是对于 B_7(SWIR2),MAR 方法的 R^2 只为 0.646,而 IMAR 保真度明显提高,R^2 可达到 0.957。在 MAR 降尺度结果中,除了 B_6(0.907),剩余三波段的 R^2 均小于 0.9,此外,B_7 的最大 RMSD(4.737)大于 IMAR 方法中最小的 RMSD(1.790)。由图 2.8 可知,MAR 方法中相对较高的离散点主要是由于光谱归一化时基于 2×2 活动窗口的等权重平均的方法引起的,使得 SR 较高的像元归一化后过度增强。显然,基于二维高斯函数的点传播函数的残差内插大大减弱了这种影响。对于小波变换,尽管在可见光蓝波段和绿波段,R^2(0.914 和 0.916)相比于 IMAR 方法(0.900 和 0.899)比较大,但是 RMSD(3.519 和 3.408)明显比 IMAR 方法(3.225 和 3.227)大。在两个 SIWR 波段的误差可达到 4.460 和 6.339,表明小波变换的方法不能够有效地保持原始 MODIS 数据的光谱特征。

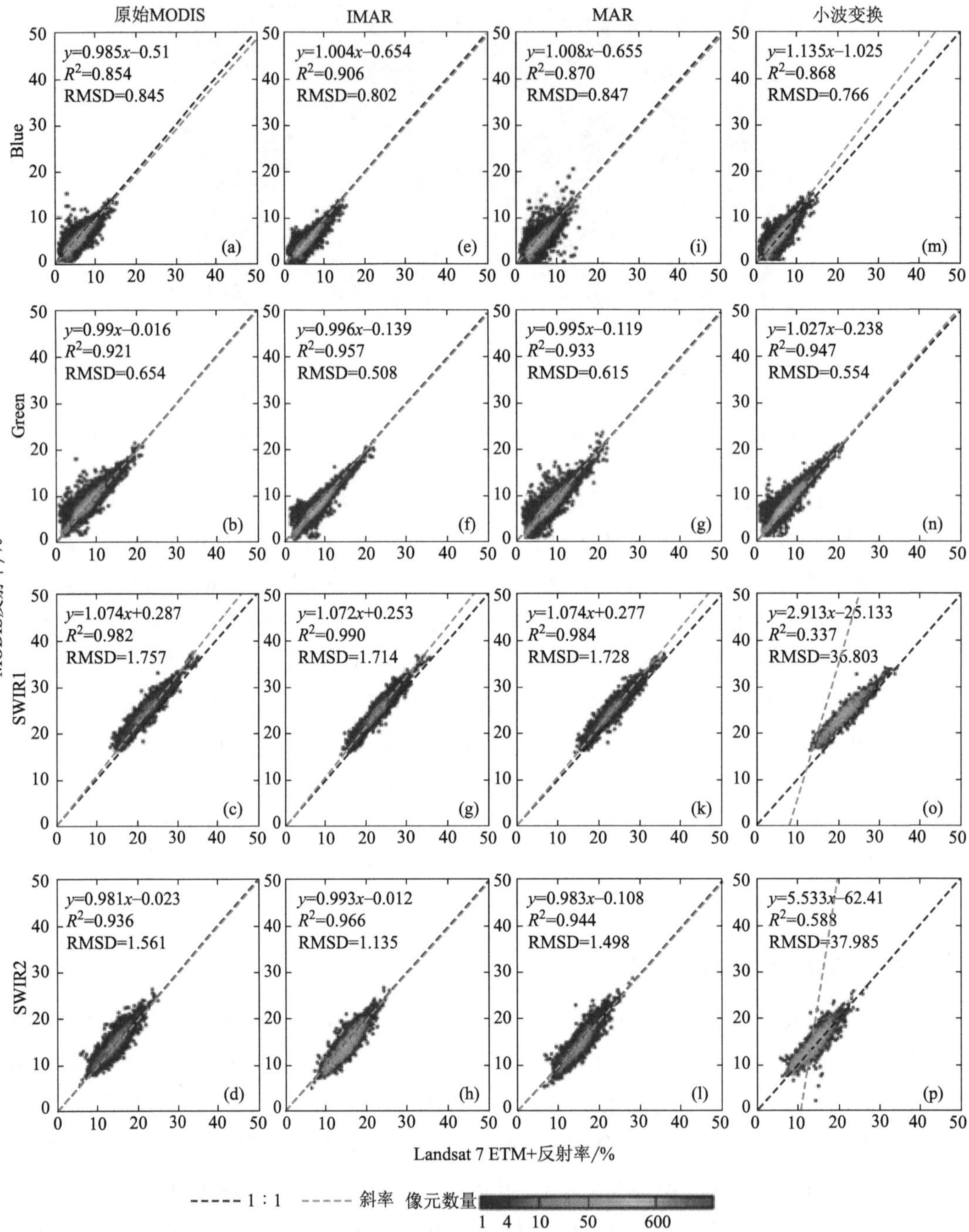

图 2.7　融合的 Landsat 7 ETM+和降尺度前后 MODIS 反射率对比图(附彩图)
(原始 500 m MODIS 反射率数据(a～d);IMAR(e～h);MAR(i～l)和小波变换(m～p))

表 2.5　原始影像光谱保真度评价

	IMAR		MAR		小波变换	
	R^2	RMSD	R^2	RMSD	R^2	RMSD
B_3(Blue)	0.900	3.225	0.838	4.508	0.914	3.519

续表

	IMAR		MAR		小波变换	
	R^2	RMSD	R^2	RMSD	R^2	RMSD
B_4(Green)	0.899	3.227	0.830	4.673	0.916	3.408
B_6(SWIR1)	0.920	2.098	0.907	2.301	0.887	4.460
B_7(SWIR2)	0.957	1.790	0.646	4.737	0.910	6.339
总计	0.919	2.585	0.805	4.055	0.908	4.4315

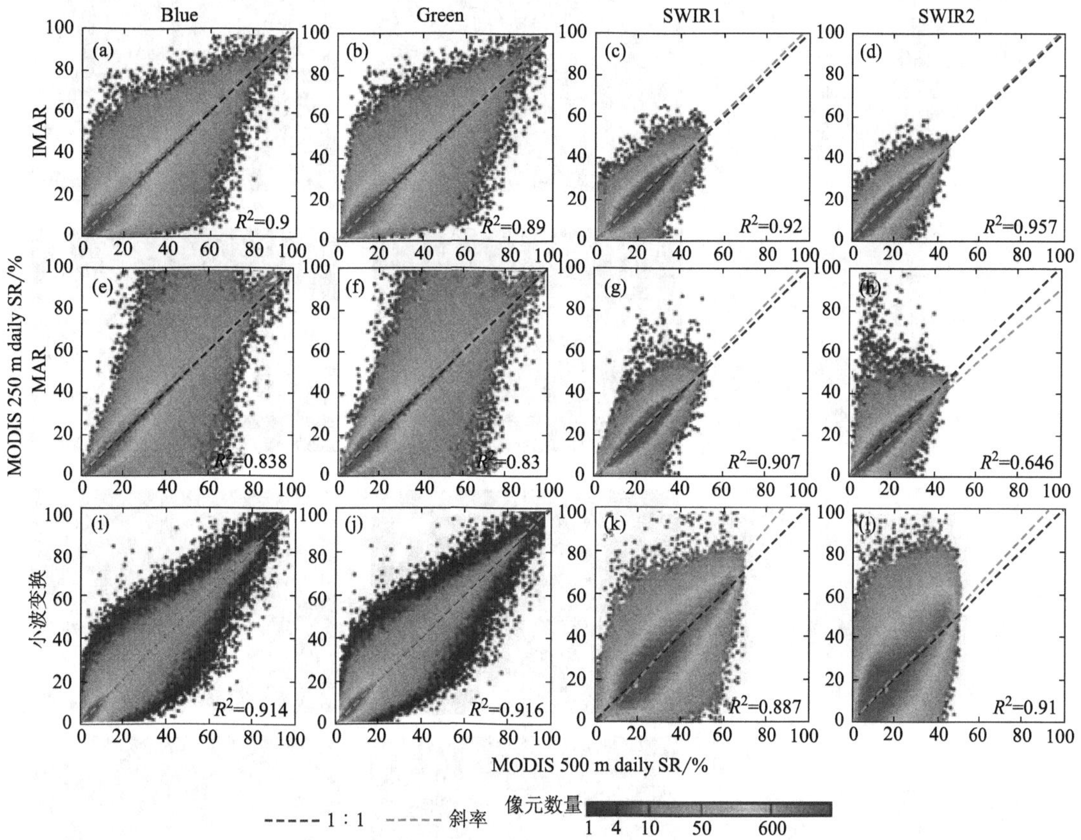

图 2.8　原始 MODIS 影像和降尺度影像光谱特性对比图(附彩图)

2.4.3　基于水体提取对比

图 2.9a 为 Landsat 7 ETM+ 543 波段假彩色合成，图 2.9b 是利用 Landsat 影像人工解译的水体提取结果，图 2.9c 为将 30 m 水体提取结果合成到 250 m 的结果；图 2.9d 为原始 500 m MODIS 影像的 624 波段合成影像，图 2.9e 为图 2.9d 利用 MNDWI 提取的水体结果，图 2.9f 为提取的水体结果相对 Landsat 人工解译结果的空间误差分布；图 2.9g～i、图 2.9j～l 和图 2.9m～o 分别为 MAR、IMAR 和小波变换降尺度影像的提取结果。在利用 IMAR 方法获取的影像上进行水体提取，由于较少的错分误差(红色像元)和漏分误差(黄色像元)，水体范围和 Landsat 融合的参考水体范围比较一致。和原始 500 m MODIS 数据(图 2.9f)和 MAR

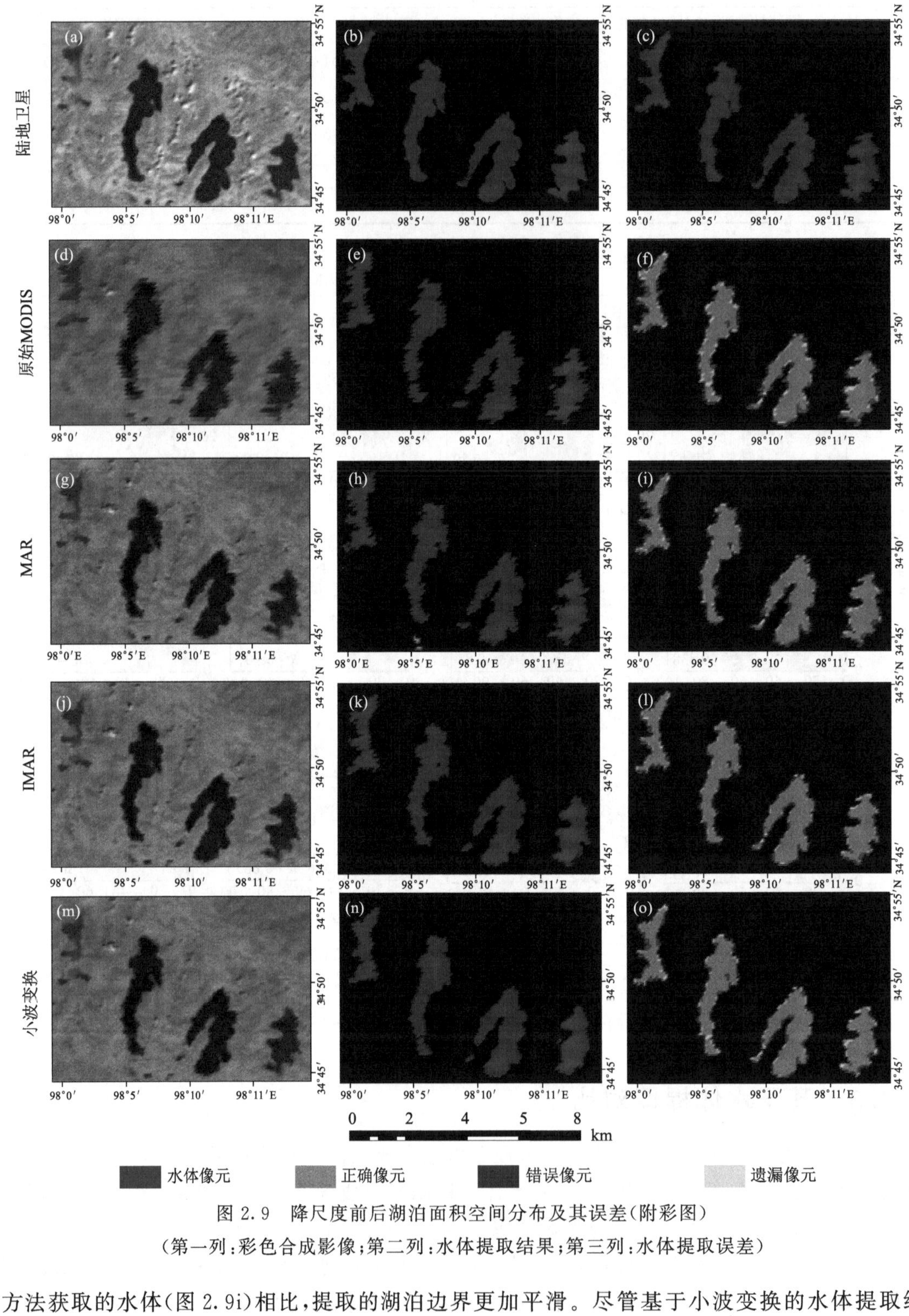

图 2.9 降尺度前后湖泊面积空间分布及其误差(附彩图)
(第一列:彩色合成影像;第二列:水体提取结果;第三列:水体提取误差)

方法获取的水体(图 2.9i)相比,提取的湖泊边界更加平滑。尽管基于小波变换的水体提取结果(图 2.9o)相比 IMAR 方法更加平滑,但是有明显的漏分误差(图 2.9o)。表 2.6 为定量的像元精度评价结果。由表 2.6 可知,相比于其他降尺度方法,IMAR 方法对于四个湖泊具有最高的提取精度(90.12%～94.95%)，平均错分和漏分误差分别为 7.13%和 6.65%。500 m 尺度上提取的水体精度最差，精度最高的是阿涌吾尔玛错(90.09%)，阿涌该玛错的提取精度仅为 78.23%。MAR 提取的湖泊面积精度从 88.54%到 93.51%波动。除此之外，对于星星海，与 IMAR 结果对比(25.705 km^2)，即使 MAR 提取的湖泊面积(25.920 km^2)和参考湖泊面积(25.973 km^2)更加接近，错分和漏分误差仍然比 IMAR 方法大。对于小波变换的水体误差，明显的漏分误差(6.85%～12.58%)表明小波变换整体上会低估水体提取，阿涌吾尔玛错提取精度较高(93.15%)，阿涌该玛错为 87.42%。

表 2.6　降尺度前后水体提取结果误差统计

湖泊	类型	总体分类精度/%	错分误差/%	漏分误差/%	湖泊面积/km^2	参考面积/km^2
Ⅰ 龙日阿错	500 m	86.16	19.76	13.83	14.382	13.577
	MAR	88.54	17.00	11.46	14.328	
	IMAR	90.12	13.04	9.88	14.006	
	小波变换	88.54	13.04	11.46	13.79	
Ⅱ 星星海	500 m	84.11	7.02	15.29	23.827	25.973
	MAR	92.15	7.64	7.85	25.92	
	IMAR	94.42	4.54	5.57	25.705	
	小波变换	90.91	4.55	9.09	24.793	
Ⅲ 阿涌吾尔玛错	500 m	90.09	11.53	9.91	30.267	29.783
	MAR	93.51	9.91	6.49	30.804	
	IMAR	94.95	4.86	5.04	29.73	
	小波变换	93.15	5.59	6.85	29.408	
Ⅳ 阿涌该马错	500 m	78.23	7.57	7.21	17.602	17.495
	MAR	88.65	8.28	11.34	16.26	
	IMAR	91.72	6.09	6.09	17.495	
	小波变换	87.42	3.68	12.58	15.938	

2.5　MODIS 尺度对水体提取的影响

图 2.10 为降尺度研究区域的 Landsat 7 ETM+ 542(SWIR-G-NIR)波段合成影像，矩形区域为表征不同湖泊大小和河流水体提取结果的样区，图 2.11 为各个样区中的水体提取结果的细节描述。样区(a)为黄河流域龙羊峡以上的日格错岔玛湖泊，水体面积为 16.451 km^2，样区(b)为黄河流域江蒙错湖泊附近的小型湖泊，面积为 0.821 km^2，样区(c)为日格错岔玛湖泊北部的河流滩地。尽管日格错岔玛湖泊面积较大，MODIS 尺度上由于湖泊边界的混合像元使得湖泊的边界空间误差较大，而 Landsat 尺度上，湖泊的边界以及湖泊中的岛屿可被准确地提取(图 2.11a)。对于更小的湖泊，如图 2.11b 所示，Landsat 尺度上湖泊边界和实际比较吻合，尽管 MODIS 500 m 数据降尺度到 250 m，这些小型湖泊边界仍然无法准确地提取，500 m 空间分辨率上这些类型水体几乎无法识别提取。河流滩地属于一种湿地类型，Landsat 尺度上，河流滩地可清楚识别，而 MODIS 尺度上该湿地类型很难被检测(图 2.11c)。在全球过程

和循环中，大多研究中将小型陆地水体忽略。小型水体为地球上水体的重要组成部分，Downing(2010)利用 Pareto 分布将地球上面积在 0.0001～0.001 km^2(100～1000 m^2)水体进行统计，大约有 3.2×10^9 个天然湖泊，总面积大约为 0.8×10^9 km^2，证实了陆地上小型水体的重要性。小型湖泊在单位面积上相比大型湖泊拥有更多的水禽类别，对于改善区域生物多样性有着重要的作用。通过以上目视对比可知，MODIS 尺度上，很多小型水体很难被提取。因此，相比 Landsat 尺度，尽管降尺度到 250 m 空间分辨率，该尺度上的水体提取结果仍不能准确地反映水体分布。

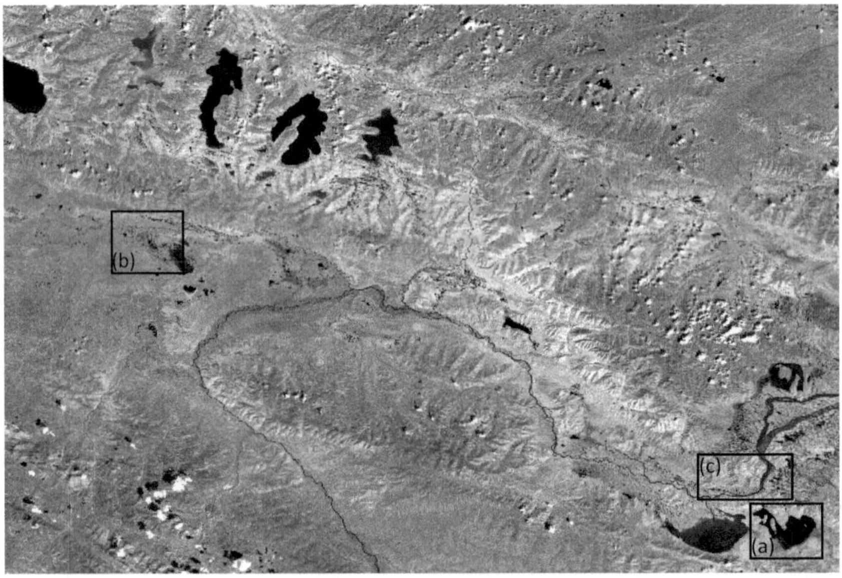

图 2.10 不同空间分辨率水体提取结果对比样区

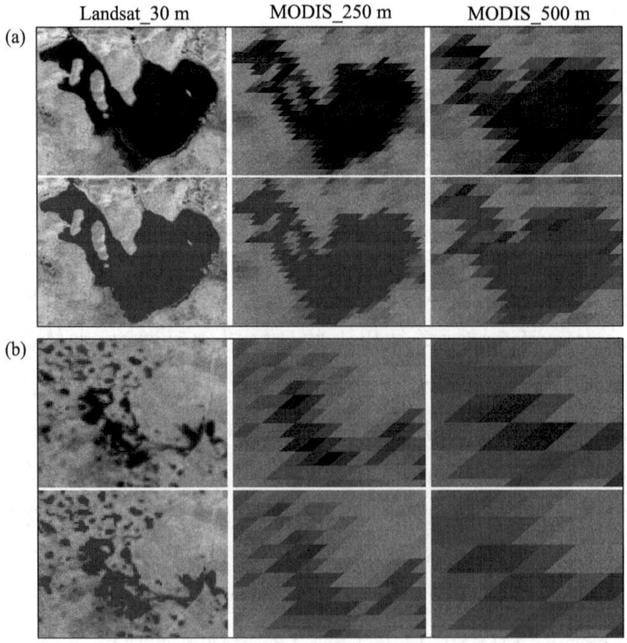

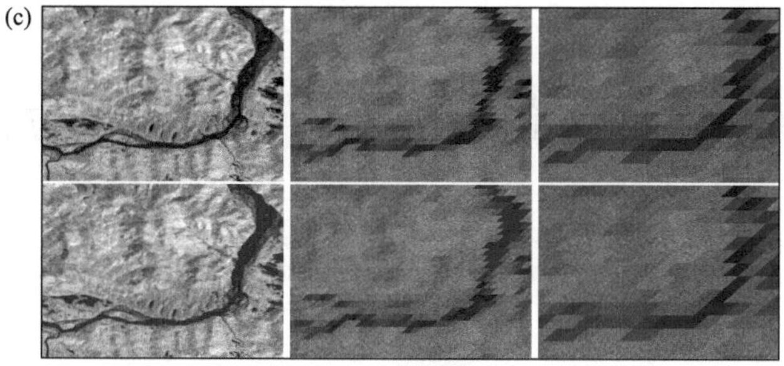

图 2.11 不同样区内水体提取细节对比
(分图 a、b、c 分别对应图 2.10 中的样区结果,
各分图第一行代表彩色合成影像,第二行代表水体提取结果)

2.6 本章小结

针对粗空间分辨率在水体提取的局限,本章首先基于 MODIS BRDF 参数产品(MCD43A1),利用 c-factor 校正方法,将 MOD09GA 数据校正到标准的太阳和观测几何,基于校正前后的反射率数据进行水体提取,以 Landsat 数据提取结果为参考,在空间上目视对比了水体分布范围,表明宽视场角的遥感影像进行水体提取时,BRDF 效应是影响水体提取精度的一个重要因子。

MODIS 数据粗空间分辨率(500 m)使得在水体边缘存在大量的混合像元,为了减少混合像元对水体提取的影响,本章详细阐述了基于已有的降尺度理论的 MODIS 地表反射率降尺度算法流程,将其应用到水体提取,并目视对比了不同尺度上水体提取差异性。修正自适应回归降尺度方法(MAR)存在两点不足:波段间非线性回归使得波段光谱之间存在冗余,在一些水体上存在一些异常像元;为保持和原始粗分辨率数据光谱一致,等权重的光谱均一化过程使得陆地和水体过渡区存在一些异常的反射率像元。针对以上不足,本章的降尺度方法(IMAR)首先利用局部活动窗口求得残差最小时的线性方程,然后基于高斯模型的点传播函数(PSF)对线性回归过程产生的残差进行插值,使得降尺度前后的光谱特性尽可能达到一致。将该方法与 MAR 和小波变换降尺度方法通过与同时期的 Landsat 影像数据对比,在光谱反射率和水体提取两个方面进行了定性和定量评价,定量评价指标有确定系数(R^2)和均方根误差(RMSD),结果表明该降尺度方法能够更加有效地提高空间分辨率进行水体提取。

利用同时期的 MODIS 500 m、降尺度 250 m 和 Landsat 30 m 影像数据,在降尺度研究区内选取大小不同、类型不同的水体,进行了目视对比。降尺度方法相对原始数据空间分辨率得以提升,水体提取精度提高,但是降尺度后的 250 m 空间分辨率对于小型湖泊或河流提取仍然存在较大的局限性。考虑小型水体的重要性,为探究地表水体动态变化,仍需要进行更高空间分辨率水体提取的研究。

第 3 章　中高分辨率水体提取研究

3.1　概述

基于 MODIS 粗空间分辨率水体提取研究可知，MODIS 数据降尺度可以提取更多的水体特征，然而 250 m 空间尺度仍对于中小型水体的识别存在局限。因此，为了精准地监测水体变化，中高分辨率尺度水体提取，特别是 Landsat 尺度，已成为趋势。目前 Landsat 尺度水体提取研究大多采用某一时间点影像数据进行水体提取来代表某年或某月水体面积，在进行长时间序列水体变化分析时使得水体提取结果无对比性（Frazier et al.，2000；Li et al.，2012；Rokni et al.，2014）。随着 2010 年 USGS 开展的全球卫星文档整合项目（Landsat Global Archive Consolidation，LGAC），截至 2015 年 1 月，USGS 文档库中已有全球 5532454 景影像，使得 Landsat 覆盖大区域、探究地表长时间序列变化成为可能（Wulder et al.，2016）。因此，本章以中高空间分辨率 Landsat 数据为数据源，以亚洲中部地区为研究区，设定了水体提取和变化方法框架，成为水体变化分析的基础。

3.2　研究区和数据源

3.2.1　研究区概况

研究区包括中亚干旱区和中国青海和西藏自治区范围内的青藏高原地区，研究区范围如图 3.1 所示。

(1)中亚干旱区环境特征

中亚干旱区包括除里海流域外的哈萨克斯坦、吉尔吉斯斯坦、乌兹别克斯坦、塔吉克斯坦、土库曼斯坦和中国新疆。中亚干旱区深居亚欧大陆腹地，海拔整体东南高、西北低，以平原、丘陵为主，沙漠广大。北部为哈萨克斯坦丘陵，东南部有海拔较高的帕米尔高原，东部有体积庞大的天山山脉，中西部平原广阔（刘德生，1986）。地势最为陡峭的为塔吉克斯坦帕米尔高原地区和吉尔吉斯斯坦天山地区，海拔为 4～5 km，最低点为低于海平面 132 m 的哈萨克斯坦西部里海附近卡拉吉耶洼地。里海到天山山地之间从荒漠、半荒漠到草原过渡。卡拉库姆沙漠和克孜勒库姆沙漠是中亚干旱区最大的沙漠。中亚干旱区东南部高山阻隔了印度洋、太平洋的水汽深入，为典型的温带大陆性气候，只有帕米尔高原的一小部分地区属于高原气候和高山气候。中亚干旱区气候突出特征为：日照充足，蒸发量大；降水稀少，区域差异极大；冬冷夏热，气温年较差和日较差很大，温度空间变化较大（杨德刚 等，2013）。总体来说，西部比东部高，南部比北部高（图 3.1）。哈萨克丘陵和帕米尔高原气温较低，卡拉库木沙漠地区气温较高。

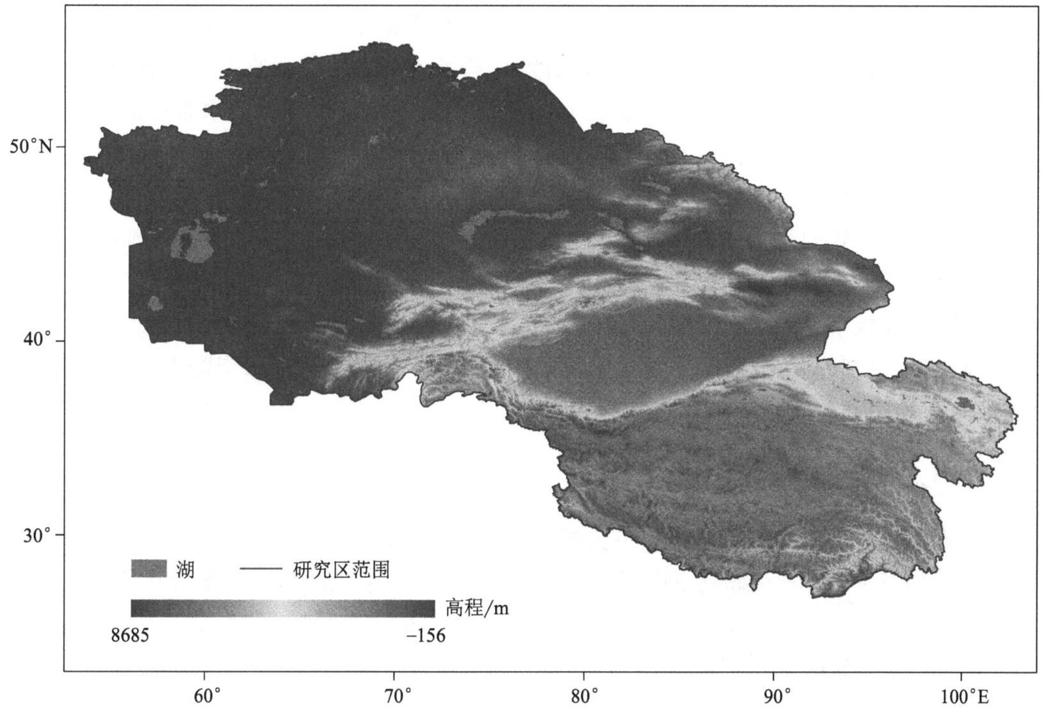

图 3.1　研究区范围示意图(附彩图)

受气候因素的影响,中亚干旱区的主要植被类型是草地、耕地。草地作为主要的植被类型,主要分布在哈萨克斯坦、吉尔吉斯斯坦、中国新疆。耕地的密集区为哈萨克斯坦北部和中国新疆西部,中亚北部耕地以旱耕地为主,主要作物为小麦等,南部耕地以水浇地为主,主要作物是棉花等。受日照和冰雪等因素的影响,该地区植被生长季较长,主要集中在 4—10 月。中亚地区由于远离海岸线,降水稀少,河水大多由冰川融水补给。由于大部分河流没有通向大洋的出口(额尔齐斯河除外),多数河流的上游水资源被引走用于灌溉,部分注入内陆湖泊,或者消失于沙漠和盐沼(邓铭江 等,2010;胡汝骥 等,2014)。咸海和巴尔喀什湖是中亚干旱区湖泊中最大的两个。苏联时期的大垦荒运动使得水资源过度开发,造成水资源日益缺乏,湖泊面积急剧缩减,最为突出的为咸海问题。水资源短缺、污染、不合理利用等极大地加剧了各类环境问题。因此,针对日益突出的中亚生态问题,流域生态环境质量评价对流域生态保护及修复具有重要意义。

(2)青藏高原地区环境特征

青藏高原(Qinghai-TibetPlateau 或 Tibetan Plateau)是中国最大、世界海拔最高的高原,包括西藏自治区和青海省全部、四川省西部、新疆维吾尔自治区南部,以及甘肃、云南的一部分。青藏高原主要的两个部分是西藏高原和青海高原,为本书的研究范围。西藏高原面积逾 120 万 km^2,平均海拔高度 4000 m 以上,是世界上海拔最高、分布范围最大、隆起时间最晚的巨大高原,被称为“世界屋脊”(杨日红 等,2003)。西藏高原有地势高、地形复杂、纬度偏低、气候多变等特点。高原海拔自西北向东南逐渐降低,气候也由西北部寒冷的干旱—半干旱高原季风气候区,逐渐向东南部温暖的半干旱—半湿润高原季风气候区过渡(施雅风 等,1995)。西藏高原地表水系纵横交错,根据地表水系的流向和最终归宿,可将西藏高原水系分为藏北高原内流地表水系、藏南河谷山地内外流地表水系和藏东高山峡谷外流地表水系(李炳元,1995)。

青藏高原的另一组成部分为青海高原，面积约为 7500 km^2。青海地势西高东低，平均海拔 3000 m，最高点为昆仑山的布喀达坂峰(6860 m)，最低点为民和县下川口(1600 m)，地形复杂，太阳辐射强烈，日照时间长，蒸发量大，风沙多，降水少，具有明显的大陆性高原气候特征。青海高原地表水系十分发达，是长江、黄河和澜沧江的发源地。根据地表水系的流向和最终归宿，青海高原地表水系可分为可可西里高原内、外流地表水系和东南部河谷外流地表水系，以及柴达木盆地内流地表水系。

青藏高原作为我国最大的湖泊区，湖泊面积约为 36900 km^2，占全国湖泊总面积的 52%。由于受高原环境气候的影响，1970—2000 年青藏高原大部分湖泊面积出现剧烈变化，有一些湖泊面积增大或减小、少数湖泊解体或归并、部分湖泊开始干涸，而一些已干涸湖泊又重新汇水成湖等现象。1950 年后，青藏高原气温呈升温趋势，高原东部和青海年降水量普遍减少，高原西部、南部和中部年降水量呈相反变化趋势。

3.2.2 Landsat 遥感影像数据

美国陆地卫星(Landsat)系列卫星由美国航空航天局(NASA)和美国地质调查局(USGS)共同管理。自 1972 年起，Landsat 系列卫星陆续发射，是美国用于探测地球资源与环境的系列地球观测卫星系统，曾称作地球资源技术卫星(ERTS)。截至 2021 年，已连续发射了 9 颗 Landsat 卫星，除 Landsat 6 未到达预定轨道外，其他均成功运行。目前，Landsat 1-4 卫星已失效，Landsat 5 发射于 1984 年，2013 年 1 月停止工作，连续运行 28 年之久，成为人类历史上运行时间最长、贡献最为卓越的对地观测卫星之一(Wulder et al.，2012)。Landsat 7 ETM+在传感器性能上取得很大的进步，然而其扫描线校正仪(SLC)在 2003 年 5 月 31 日因故失灵，导致每景 ETM+影像中约 22%的数据扫描空隙(条带)(Chen et al.，2011)。目前，Landsat 7 卫星已停止运行。Landsat 8 卫星于 2013 年 2 月 11 日发射，Landsat 9 于 2021 年 9 月 27 日发射，是美国陆地探测卫星系列的后续卫星。各序列卫星运行时间见图 3.2(Landsat Missions)。

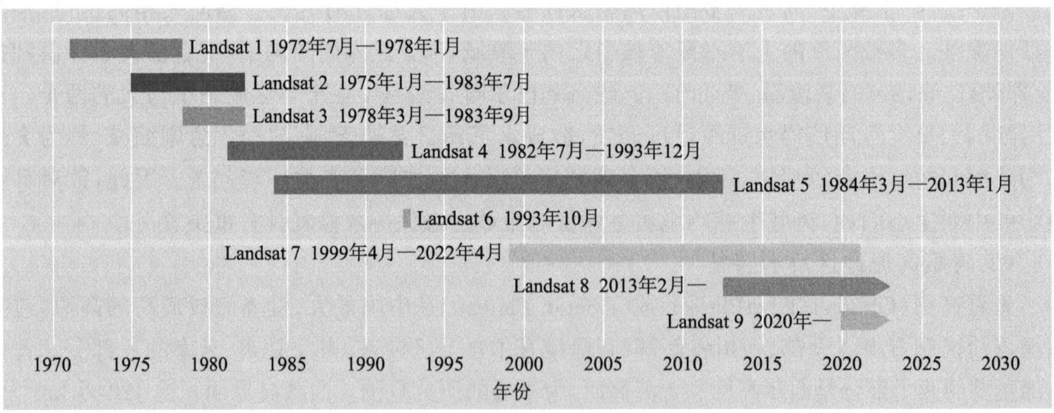

图 3.2 Landsat 系列卫星运行时间

Landsat 系列卫星所携带传感器可分为四类。MSS 传感器的全称为多光谱扫描仪(Multi-Spectral Sensor)，Landsat 1-5 卫星中均搭载了 MSS 传感器，它几乎获得了 1972 年 7 月至 1992 年 10 月期间的连续地球影像。MSS 选用可见光至近红外(0.5～1.1 μm)谱段，共分 4 个波段。MSS 数据已连续覆盖全球，空间分辨率适中，能够提取植被等地表地物信息

(Williams et al. ,2006)(表 3.1)。Landsat 专题制图仪(TM,Thematic Mapper)是 Landsat 4-5 携带的传感器,从 1982 年发射至今,其工作状态良好,几乎实现了连续获得地球影像(表 3.2)。Landsat 7 携带的主要传感器是 ETM+,全称为增强专题制图仪(Enhanced Thematic Mapper)。增强是相对 TM 来说的,在空间分辨率和光谱特性方面延续并超越了 TM 的配置。除有 TM 的 7 个波段外,ETM+还增加了一个空间分辨率为 15 m 的全色波段,同时热红外波段的空间分辨率由 120 m 提高到 60 m(表 3.3)。Landsat 8 携带的传感器有两个,主要的为陆地成像仪(Operational Land Imager,OLI),用来被动感应地表反射的太阳辐射和散发的热辐射,有 9 个波段的感应器覆盖了从红外到可见光的不同波长范围。与 Landsat 7 卫星的 ETM+传感器相比,OLI 增加了两个波段:蓝波段(0.433~0.453 μm)和短波红外波段(band 99,1.360~1.390 μm),蓝波段主要用于海岸带观测,短波红外波段包括水汽强吸收特征,可用于云检测。另一携带的传感器为热红外传感器(Thermal Infrared Sensor,TIRS),是目前最先进、性能最好的热红外传感器,可收集地球热量流失,了解所观测地带水分消耗,特别是干旱地区水分消耗(表 3.4)。Landsat 9 设计是 Landsat 8 OLI/TIRS 的副本,提供与 Landsat 8 光谱、空间、辐射和几何质量一致的图像,携带二代陆地成像仪(Operational Land Imager 2,OLI-2)和二代热红外传感器(Thermal Infrared Sensor 2,TIRS-2)。OLI-2 将捕获地球表面可见、近红外和短波红外波段的观测,辐射测量精度从 Landsat 8 的 12 位量化提高到 14 位量化,并略微提高了总体信噪比。TIRS-2 将通过两个波段测量地球表面的热红外辐射或热量,这两个波段的性能比 Landsat 8 的热波段要好。尽管卫星有 10 年以上的消耗期,OLI-2 和 TIRS-2 都只有 5 年的设计寿命。在过去的 50 多年,致力于监测地表状态及其变化,Landsat 系列卫星获取的光谱数据波段数量越来越多,波段范围也越来越窄,增强了地物的区分能力,加深了人类对地球系统的认识(Goward et al. ,2001;Williams et al. ,2006)。

表 3.1 MSS 传感器基本参数

Landsat 1-3	Landsat 4-5	波段	波长/μm	分辨率/m	主要作用
Band 4	Band 1	绿	0.5~0.6	78	对水体有一定透射能力,清洁水体中透射深度可达 10~20 m,可判别地形和近海海水泥沙,可探测健康绿色植被反射率
Band 5	Band 2	红	0.6~0.7	78	用于城市研究,对道路、大型建筑工地、沙砾场和采矿区反应明显,可用于地质研究、水中泥沙含量研究,植被分类
Band 6	Band 3	近红外	0.7~0.8	78	用于区分健康与病虫害植被,水陆分界,土壤含水量研究
Band 7	Band 4	近红外	0.8~1.1	78	用于测定生物量和监测作物长势,水陆分界,地质研究

表 3.2 TM 传感器基本参数

Landsat 4-5	波段	波长/μm	分辨率/m	主要作用
Band 1	蓝绿	0.45~0.52	30	用于水体穿透,分辨土壤和植被
Band 2	绿	0.52~0.60	30	分辨植被
Band 3	红	0.63~0.69	30	处于叶绿素吸收区域,用于观测道路、裸露土壤、植被种类等
Band 4	近红外	0.76~0.90	30	用于估算生物量

续表

Landsat 4-5	波段	波长/μm	分辨率/m	主要作用
Band 5	中红外	1.55～1.75	30	用于分辨道路、裸露土壤、水，在不同植被之间有好的对比度，并且有好的穿透云雾的能力
Band 6	热红外	10.40～12.50	120	感应发出热辐射的目标
Band 7	中红外	2.08～2.35	30	对于岩石、矿物的分辨很有用，也可用于辨识植被覆盖和湿润土壤

表 3.3　ETM+传感器基本参数

Landsat 7	波段	波长/μm	分辨率/m	主要作用
Band 1	蓝绿	0.45～0.52	30	用于水体穿透，分辨土壤植被
Band 2	绿	0.52～0.60	30	用于分辨植被
Band 3	红	0.63～0.90	30	处于叶绿素吸收区，用于观测道路、裸露土壤、植被种类等
Band 4	近红外	0.76～0.90	30	用于估算生物量，分辨潮湿土壤
Band 5	中红外	1.55～1.75	30	用于分辨道路、裸露土壤、水，还能在不同植被之间有好的对比度，并且有较好的大气、云雾分辨能力
Band 6	热红外	10.40～12.50	60	感应出热辐射的目标
Band 7	中红外	2.09～2.35	30	对于岩石、矿物的分辨很有用，也可用于辨识植被覆盖和湿润土壤
Band 8	全色	0.52～0.90	15	为 15 m 分辨率的黑白图像，用于增强分辨率，提高分辨能力

表 3.4　OLI 和 TIRS 传感器参数

<table>
<tr><th>传感器</th><th>Landsat 8</th><th>波段</th><th>波长/μm</th><th>分辨率/m</th><th>主要作用</th></tr>
<tr><td rowspan="9">OLI</td><td>Band 1</td><td>海岸</td><td>0.433～0.453</td><td>30</td><td>海岸带观测</td></tr>
<tr><td>Band 2</td><td>蓝</td><td>0.450～0.515</td><td>30</td><td rowspan="7">同 ETM+</td></tr>
<tr><td>Band 3</td><td>绿</td><td>0.525～0.600</td><td>30</td></tr>
<tr><td>Band 4</td><td>红</td><td>0.630～0.680</td><td>30</td></tr>
<tr><td>Band 5</td><td>近红外</td><td>0.845～0.885</td><td>30</td></tr>
<tr><td>Band 6</td><td>中红外</td><td>1.560～1.660</td><td>30</td></tr>
<tr><td>Band 7</td><td>中红外</td><td>2.100～2.300</td><td>30</td></tr>
<tr><td>Band 8</td><td>全色</td><td>0.500～0.680</td><td>15</td></tr>
<tr><td>Band 9</td><td>水汽吸收</td><td>1.360～1.390</td><td>30</td><td>包括水汽强吸收特征，可用于云检测，数据质量评价</td></tr>
<tr><td rowspan="2">TIRS</td><td>Band 10</td><td>热红外</td><td>10.60～11.19</td><td>100</td><td rowspan="2">观测地带水分消耗，土壤湿度评价，地表温度反演，火灾监测</td></tr>
<tr><td>Band 11</td><td>热红外</td><td>11.50～12.51</td><td>100</td></tr>
</table>

3.2.3　地形数据

ASTER GDEM(Global Digital Elevation Model) v2.0，即先进星载热发射和反射辐射仪

(Advanced Spaceborne Thermal Emission and Reflection Radiometer)全球 30 m 数字高程模型。该数据是根据 NASA 的新一代对地观测卫星 Terra 的详尽观测结果制作完成的。其数据覆盖范围为北纬 83°到南纬 83°之间的所有陆地区域,达到了地球陆地表面的 99%。数据采用 UTM/WGS84 投影,数据格式为 IMG 栅格数据,数据的值域范围为 −152～8806 m,比例尺为 1∶25 万,其垂直精度为 20 m,水平精度为 30 m(Tachikawa et al.,2011)。坡度数据是由目标像元和周围邻近像元的高程差异的最大比率计算获得(Horn,1981)。坡面阴影代表了每个像元上接收的太阳光大小,通过 Landsat 影像获取时间的太阳高度角和方位角计算得出。地形阴影和水体具有相似的光谱特性,是造成水体提取误差的主要来源(Verpoorter et al.,2012)。一般地,地形阴影等同于坡面阴影,由于 DEM 数据的误差,特别是在水体上的误差(Tachikawa et al.,2011),本书将山体阴影小于 150°、坡度大于 20°的像元当作地形阴影。

3.2.4　MODIS 水体数据

本书采用的是 250 m 分辨率的水体数据产品(MOD44W),针对 SWBD(Shuttle Water Body Dataset)未能覆盖整个全球区域,并且一些大的河流有断流现象等,以 SWBD 水体数据为基础,对于河流断流问题利用 MODIS 反射率数据提取水体进行弥补,对于 SWBD 水体数据范围外的区域基于 MODIS 反射率数据进行决策树分类方法提取水体或陆地使得 MOD44W 水体数据覆盖全球(Carroll et al.,2009)。此水体数据是以 2000 年 DEM 和 MODIS 数据生产,数据格式为 GeoTIFF。

3.3　Landsat 数据评价及预处理

3.3.1　研究区 Landsat 数据量评价

本书利用的 Landsat 数据产品为 Landsat Collection 1 Level-1 产品,该产品是利用地面控制点和数据高程模型进行精确校正后的数据产品。此产品 2016 年 6 月对用户公开下载使用,可通过 USGS 提供的科学数据处理结构(ESPA)工具进行批量订购和下载(https://espa.cr.usgs.gov/),数据的压缩格式为 TIF 格式影像,影像值为 DN(Digital Number)。通过此数据产品的元数据(https://landsat.usgs.gov/download-entire-collection-metadata),首先统计分析了研究区内影像数据的空间和时间覆盖度,为支撑水体变化分析提供数据参考。

中亚干旱区与青藏高原总共覆盖 413 Tile(以 path/row 标识)。2000—2015 年,过滤云覆盖度大于 80%的影像,研究区共 96278 景影像,数量约为 25 TB。由图 3.3 可知,从西北到东南影像覆盖度逐渐增加,最低覆盖度的 Tile 可达到 149 景影像,最高可达 487 景影像,平均覆盖度为 19 景/a,能有效地监测水体的年季变化。

为探究水体的季节变化,同时分析了 Landsat 系列影像在四个季节的空间分布(图 3.4)。季节划分为春季(3—5 月)、夏季(6—8 月)、秋季(9—11 月)和冬季(12 月—次年 2 月)。季节上影像覆盖度的空间分布和年季分布相似,四个季节均从西北到东南覆盖度增加。春季影像覆盖度最小值出现在哈萨克斯坦最北部,覆盖度为 38 景,到研究区东南部覆盖度增加到 130 景,春季平均覆盖度为 5 景/a。夏季覆盖度空间分布和其他三个季节有所差异,最少覆盖度出

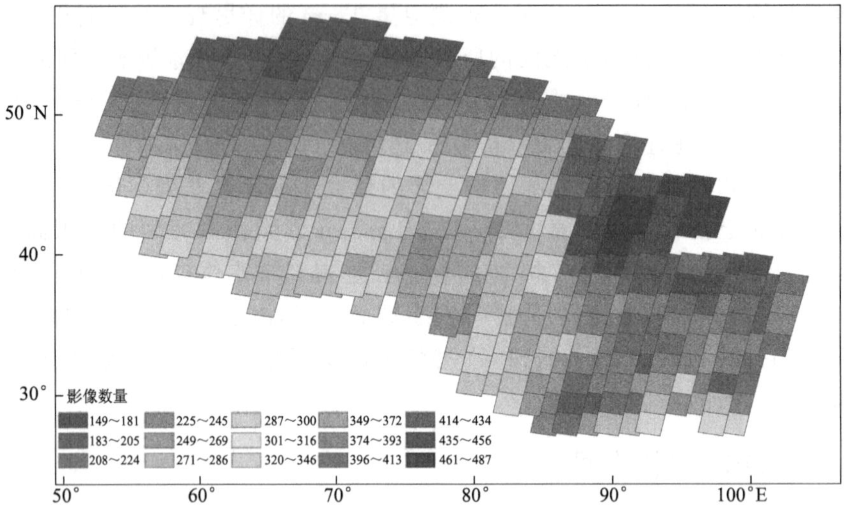

图 3.3 2000—2015 年 Landsat 5、7 和 8 影像数据空间覆盖度(附彩图)

现在西藏高原南部，覆盖度为 22 景，平均每年夏季覆盖 1 景影像，东西部影像覆盖度较大，最大可达 130 景，平均夏季覆盖度为 5 景/a。秋季和冬季覆盖度空间分布和春季类似，北部覆盖度最小，东南部覆盖度达到最大值，秋季平均覆盖度为 5 景/a，冬季平均覆盖度为 4 景/a。加之，Landsat 系列影像的每一景影像之间的重复观测，使得获取的 Landsat 系列影像数据能够有效地分析水体的季节性变化。

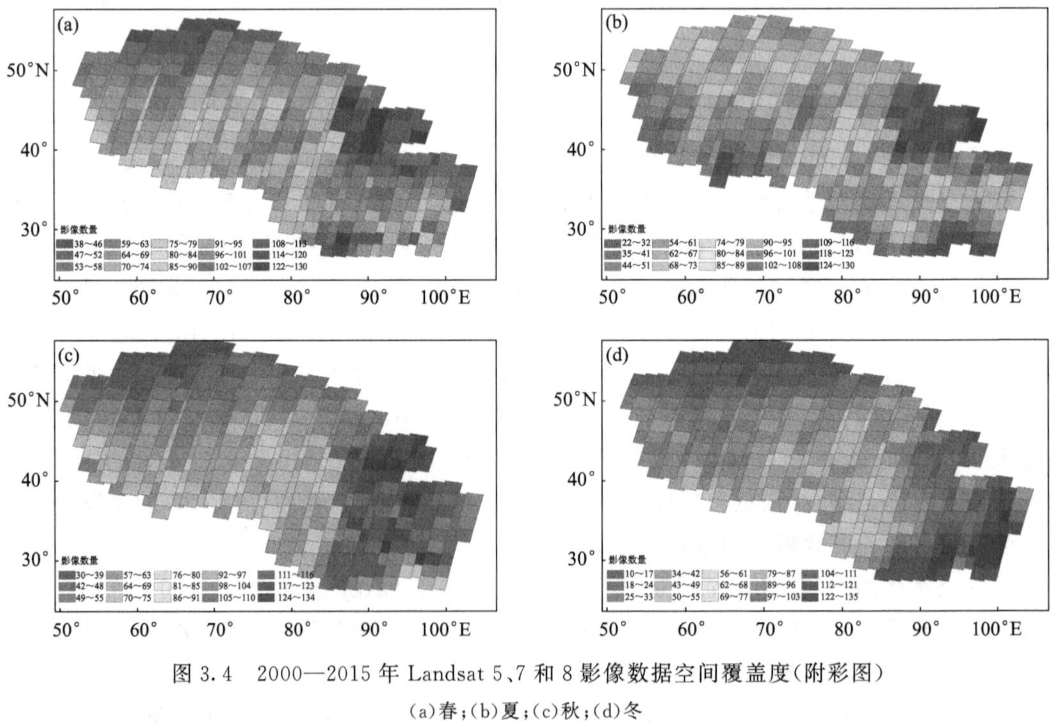

图 3.4 2000—2015 年 Landsat 5、7 和 8 影像数据空间覆盖度(附彩图)

(a)春;(b)夏;(c)秋;(d)冬

3.3.2 Landsat 数据预处理

(1)大气校正

由于光照条件、观测角度、传感器定标，以及大气分子、气溶胶和云粒子等大气成分吸收与散射的影响，传感器在获取信息过程中带有一定的非目标地物的成像信息，消除这些大气影响是定量遥感研究的重要组成部分(Liang et al.,2001)。常见的大气校正方法主要分为三种：基于图像本身相对校正法(暗目标法、直方图匹配法等)、统计学线性回归法和大气辐射传输模型(Hadjimitsis et al.,2010;郝建亭等,2008)。基于图像本身相对校正法未考虑整景影像对应大气条件随空间的变化及多次散射的影响(Liang et al.,2001)。统计学线性回归法模型建立比较简单，精度在小区域内可满足要求；基于大气辐射传输模型的反演方法是基于物理迷信的绝对辐射校正，通过模拟太阳辐射传输过程建立模型，如 LOWTRAN(Isaacs et al.,1987)、MODTRAN(Berk et al.,1987)、6S(Vermote et al.,1997)和 FLAASH(Fast Line-of-Sight Atmosphere Analysis of Spectral Hyper-cubes)(Adler-Golden et al.,1998)等，反演精度相对较高，稳健性较好，其最大的缺点是需要大量实时大气数据。

本书采用的是 LEDAPS(Landsat Ecosystem Disturbance Adaptive Processing System)模型，LEDAPS 软件包运行环境为 Linux，是 NASA 对 LEDAPS 项目发展的长时间跨度的稠密时间序列 Landsat GeoCover 影像数据集的预处理算法。LEDAPS 以 6S 大气辐射传输模型理论为基础，在全球范围，Feng M 等(2012)使用 LEDAPS 算法计算了 Landsat 地表反射率，与 MODIS 地表反射率数据对比进行验证，两者反射率产品具有高度一致性。

(2)云检测

许多遥感影像由于大气污染、传感器设备水平限制等因素影响都不可避免地覆盖着云以及云阴影。根据 2004 年来自国际卫星云气候学项目(International Satelite Cloud Climatology Project,ISCCP-FD)的统计数据，Landsat 遥感影像全球每年平均云覆盖量接近 60%(Zhang et al.,2004)。因此去除影像中的云和云阴影对于遥感影像的进一步处理和应用具有十分重要的意义。迄今为止，前人已发展了多种云检测方法，最为常用的三种自动检测算法为：自动云覆盖估算(Automated Cloud-Cover Assessment,ACCA)(Irish et al.,2006)，植被变化监测(Vegetation Change Tracker,VCT)(Huang et al.,2010)和 Luo-Trishchenko-Khlopenkov(LTK)影像识别算法(Oreopoulos et al.,2011)等。这些算法都被广泛地应用于遥感影像的云检测中，但多为对厚云的检测和去除，薄云的影响也日益严重。基于 ACCA 和 LEDAPS 算法，Zhu 等(2012)提出了一种面向对象的云检测算法(Function of mask,Fmask)。Fmask 云检测算法的基本原理是：

① 利用光谱特性进行一系列的光谱测试，选取归一化植被指数(Normalized Difference Vegetation Index,NDVI)和归一化雪指数(Normalized Difference Snow Index,NDSI)等参数的最优阈值，识别比较明显的云，得到潜在云像元层；

② 根据统计学概率学中的概率因子计算云概率参数，从而得到潜在云层，并使用形态学变换中的填充变换法(food-fill)(Asundi et al.,1998)，结合散射相关计算，得到潜在云阴影层；

③ 根据 NDSI 阈值计算潜在雪层；

④ 分离潜在云层、潜在云阴影层和潜在雪层后，进行面向对象的云匹配。通过卫星传感器的视角、太阳天顶太阳方位角和云的相对高度等因素，根据几何关系来预测云位置；

⑤ 采用云层高度的迭代来控制匹配的精度，以便采用合适的阈值使云的漏检和错检保持平衡。

利用 Fmask 算法对 Landsat 遥感影像进行云和云阴影检测，相比 ACCA 总体精度(84.8%)(Irish et al.，2006)，Fmask 检测云层的总体精度达到了 96.41%(Zhu et al.，2012)。因此，本书利用 Fmask 算法对 Landsat 影像进行云及云阴影检测。

3.4 水体自动提取方法

3.4.1 Landsat 遥感影像水体光谱特性

由于地物本身结构和理化等性质的不同，记录地球表面反射、发射的电磁波信息存在差异。可见光和近红外波段水体与植被、土壤等地物的光谱反射率差异是利用遥感手段提取水体的重要依据之一。红外波段植被的反射率较水体的反射率低，而到了近红外波段，植被反射率却远远高于水体。这使得水体在这两个波段与植被有明显区别。水体的反射主要在蓝绿光波段，绿波段的反射率接近 5%，随着波长的增大而降低，特别是在近红外、中红外波段有很强的吸收带，反射率几乎为零，即使水很浅，水体也能几乎全部吸收近红外和中红外波段的全部入射能量，因此在遥感中常用近红外波段确定水体的位置和轮廓(赵英时，2013)。

本书中选择的水体指标为归一化水体指数(Normalized Difference Water Index，NDWI)(McFeeters，1996)、修正的归一化水体指数(Modified Normalized Difference Water Index，MNDWI)(徐涵秋，2005)和归一化植被指数(Normalized Difference Vegetation Index，NDVI)。NDWI 出现时间最早，此后，徐涵秋(2005)发现，水体在短波红外比近红外波段反射率更低，而其他地物在短波红外的反射骤然变强，增强了水体与其他地物(特别是城镇)光谱特征差异，进而提出 MNDWI。NDVI 指数主要用于水体和植被在红波段和近红外波段反射率差异来凸显两者的差异(Tucker et al.，2005)。单一的 NDVI、NDWI 或 MNDWI 都不能准确地将水体与其他地物区分，其中包括漏分一些比较浅、水质较差的水体，或将山体阴影错分为水体等。

$$\mathrm{NDWI}=\frac{\rho_2-\rho_4}{\rho_2+\rho_4} \tag{3.1}$$

$$\mathrm{MNDWI}=\frac{\rho_2-\rho_5}{\rho_2+\rho_5} \tag{3.2}$$

式中：ρ_2、ρ_4 和 ρ_5 分别为 Landsat TM/ETM+影像绿波段、近红外波段和中红外波段反射率。

3.4.2 C5.0 决策树分类算法

单纯利用水体指数法在小区域对于指标设定阈值能够有效提取水体，但是对于大区域不同时间的影像数据，水体光谱特性由于大气状况、地理环境、水质等不同，很难设定一个固定的阈值进行水体提取，因此，如何针对不同影像的水体特征，自动进行针对性的水体提取成为当前热点。机器学习算法就是一种常用的方法，利用影像上水体的特征，计算机自动建立水体特征空间集，对未知的像元进行匹配获取水体像元。本书选择的机器学习算法为 C5.0 决策树分类算法。

C5.0 算法是通过分析大量的数据，提取特征属性，再以规则集的形式展现数据的特征规律。C5.0 算法通过不断改进 C4.5 算法而且加入 Boosting 算法，其依然根据信息增益熵（Information Gain）来判定数据分类节点，通过增益值最大的样本字段判定分界点。此外，为了提高分类精度，就要裁剪和合并生成的决策树的每个叶子节点，然后决定每个叶子节点的最优阈值。本书采用决策树 C5.0 算法包可从 https://www.rulequest.com 下载。与其他种类算法相比，决策树 C5.0 算法在计算过程中加入了 Boosting 技术，适用于处理大数据集，采用 Boosting 方式提高模型准确率，又称为 BoostingTrees，在软件上计算速度比较快，占用的内存资源较少，使分类精度有了很大的提高。Boosting 技术按序先建立多个决策树模型，被漏分、错分的数据重新建立决策树分析，最后生成更为精确的决策树模型。Boosting 技术算法为每个样本都赋予权重，得到的决策树模型受样本权重高的影响加大。起初，全部样本为相等的权重值，训练样本的流程中，对模型样本的权重调整修改，给那些错分的决策树模型赋予更大的权重值，再重新迭代。Boosting 算法的迭代主要步骤为：

假设有样本的训练集 S 总共有 n 个样本，T 是决策树在迭代过程中生成的数量（迭代次数），就是总共研究 T 次训练样本过程，由第 t 次训练样本生成的分类模型是 C^t，最终集合 T 个分类模型要与复合型决策树相结合为 $C*$，w_i^t 为样本 i 在第 t 次决策树生成流程中赋予的权重值（$i=1,2,\cdots,n;t=1,2,\cdots,T$），$p_i^t$ 为 w_i^t 的单一因子，β^t 要进行调整的权重值因子。

$$\theta^t(i)=\begin{cases}1(\text{样本实例 } i \text{ 被第 } t \text{ 个决策树错误分类})\\0(\text{样本实例 } i \text{ 被第 } t \text{ 个决策树正确分类})\end{cases}\tag{3.3}$$

样本训练过程：

（1）确定要进行初始化的权重值：假定待生成的分类模型的数量 T（常用值为 10），令 $t=1,w_i^t=1/n$；

（2）计算 $p_i^t=\dfrac{w_i^t}{\sum\limits_{i=1}^{n}w_i^t}$；

（3）为各个初始样本定义单一的权重初始值 p_i^t，基于这样的概率分布建立 C^t；

（4）计算第 t 个子决策树模型对训练样本的错误比 $\varepsilon^t=\sum\limits_{i=1}^{n}p_i^t\theta^t(i)$；

（5）如果 $\varepsilon^t>0.5$，那么就完成了这个样本训练过程，令 $T=T-1$；如果 $\varepsilon^t=0$，完成了这个样本的训练过程，令 $t=T$；假如 $0<\varepsilon^t\leqslant0.5$，那么继续步骤（6）；

（6）计算 $\beta^t=\varepsilon^t/(1-\varepsilon^t)$；

（7）依据错误率对样本的权重值赋值：

$$W_i^{t+1}=\begin{cases}w_i^t\beta^t & (\text{如果样本被正确分类})\\w_i^t & (\text{如果样本被错误分类})\end{cases}\tag{3.4}$$

（8）如果 $t=T$，结束整个训练过程，否则令 $t=t+1$ 转到步骤（2）完成二次的样本训练；

（9）最后生成的复合型决策树 $C*$ 由 $C1,C2,\cdots,CT$ 加上相应权重产生，各个赋值的权重都是。也就是说，在采取决策树分类某个样本的过程中，先利用 $Ct(1\leqslant t\leqslant T)$ 对样本个别分类，共得到 T 个不同的分类结果，下一次再依据各个 $Ct(1\leqslant t\leqslant T)$ 的权重计算各个类别的结果，以结果分数最大的类别作为全部过程模型的最终结果。

3.4.3 水体自动提取模型

传统的机器学习方法需要依靠人工经验来分析与选取分类样本的特征，特征选择的合适性是准确分类的重要组成部分。为了准确地筛选分类特征，就需要融合多源的信息来全面分析分类样本的特征。地形结构表面和水流对于陆地表层水体存在具有重要的指示器作用。因此，在水体分类特征选择中，除了充分利用水体的光谱特征外，地形数据(地面高程、坡度等)也被用于水体的分类特征。因此，本书针对亚洲中部地区，融合 MODIS 水体数据和地形数据，通过修正自动分层加权采样空间和 C5.0 决策树分类算法(Feng et al.,2016)将影像分为水体、陆地、山体阴影、云和云阴影，然后通过时间序列插值法去除冰雪、山体阴影、云及云阴影的影响，得到逐月的水体分布(图 3.5)。

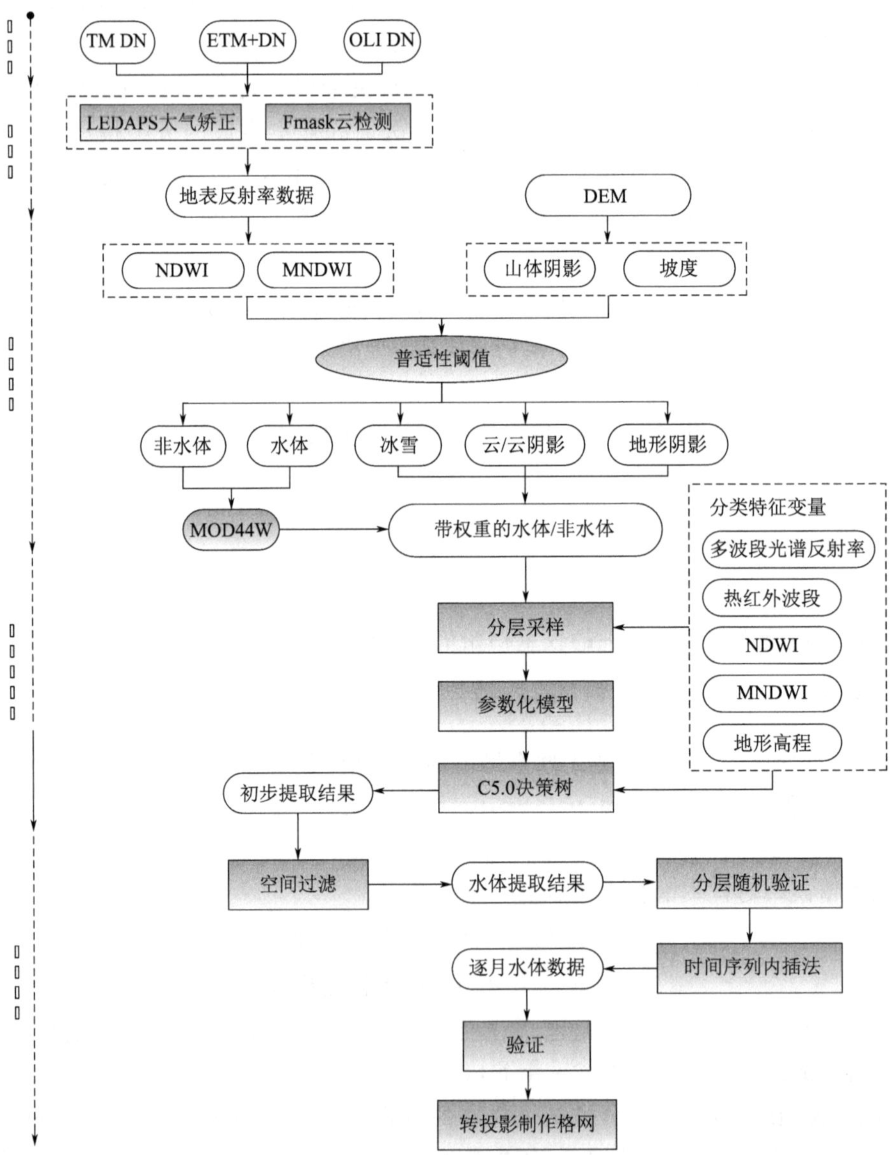

图 3.5 水体自动提取模型流程图

样点自动分层：数据预处理将在 3.5 节介绍，通过 LEDAPS 大气校正，将原始的 DN 值转为地表反射率数据，利用 Fmask 算法过滤云及云阴影像元，利用地形、光谱和 Landsat 热红外波段将影像大致分为水体、陆地、冰雪。

对于地形阴影的定义为

$$山阴<150°\text{和}\ 坡度>20° \tag{3.5}$$

对于非水体类型的两个严格的定义为

$$\text{NDWI}<-0.3\ \text{或}\ \text{MNDWI}<-0.1 \tag{3.6}$$

$$\text{NDWI}<0\ \text{和}\ \text{MNDWI}<0.1 \tag{3.7}$$

对于冰雪类型，主要依据冰雪在可见光和近红外波段的反射率较高，在短波红外波段反射率较低，因此，冰雪通常具有较高的 MNDWI、中低值的 NDWI，且与水相比，温度较低。冰雪类型的定义为

$$\text{MNDWI}>\text{NDWI}+0.7\ \text{和}\ \rho_6<1.5℃ \tag{3.8}$$

式中，ρ_6 为 Landsat 的热红外波段反射率。

对于高可能性水体类型的定义：

$$\text{NDWI}>0.05\ \text{和}\ \text{MNDWI}>0.05 \tag{3.9}$$

经过以上定义，剩余的像元被定为低可能性水体类型。然后将高可能性水体和低可能性水体与 MOD44W 数据叠加，共获得四个不等权重的水体层，各层的权重值通过大量的实验来获得，各层权重值具体见表 3.5。

表 3.5　依据 MOD44W 水体掩膜的分层权重表

数据	分层	与 MOD44W 一致性	权重
Landsat 指数	高可能性水体层	一致	1.0
		不一致	0.5
	低可能性水体层	一致	0.1
		不一致	0.05
/	非水体层		0.1
/	冰雪层		0.3
地形指数	地形阴影层		0.3

自动样点采样：影像上所有像元被设定为不同分层后，计算每一层的像元数，获得每个像元的包含概率(p_s)：

$$p_s=N_s/N \tag{3.10}$$

式中：N_s 为每一层预采样的数量(设定为 20000)；N 为该层总的像元数，为每一个像元随机产生一个 0～1 的随机数，如果像元的随机值小于 p_s，则该像元被标记为采样点。

决策树分类：利用自动采取的类型样点，训练模型。将训练好的模型用作整景的像元，得到水、陆地、冰雪、云/云阴影、地形阴影的分类结果。

后处理：分类后，利用 3×3 的活动窗口，对于单独可能存在的水体，如果活动窗口内水体像元数小于 5 则该像元为噪音去除。对于邻近水体像元的非水体像元，同样也利用类似的活动窗口来防止漏掉具有微弱水体信息的边界水体像元。

格网化水体数据：Landsat 影像数据的投影为 UTM-WGS84，一方面可能存在相邻两景分区不同，投影信息不一致。另一方面相邻两景也有重复观测，且一个 path/row 景，不同时间获取的影像范围不一致，导致像元级别无法匹配。考虑本书研究区范围较大，首先建立适合全球范围分析的投影为正弦投影(Sinusoidal)，格网像元大小为 90 m，格网大小为 1000×1000 像元的格网数据，本研究区共覆盖 1190 个格网(图 3.6)。将 Landsat 影像提取的水体结果转投影，使用最近邻采样法将水体结果重采样到格网范围内，后续的水体变化分析均基于格网进行逐像元的变化分析。

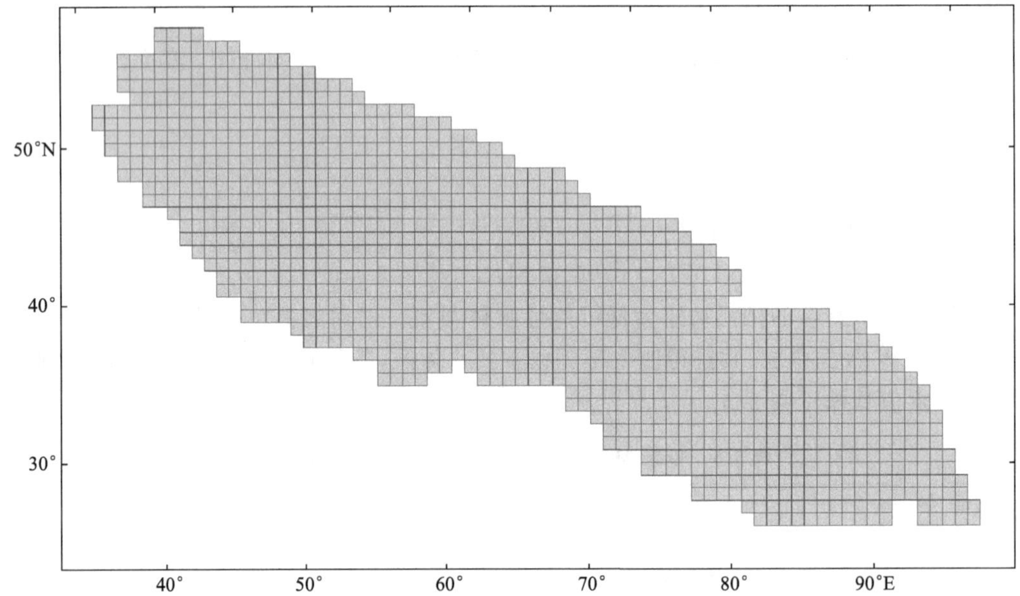

图 3.6　研究区格网化图

时间序列内插法：已有的 Landsat 影像由于 16 d 的回访周期以及山体阴影和云及云阴影，提取的水体结果在时间序列上存在不连续性，给水体的动态变化分析带来一定的局限性。考虑到充足的影像数据量，假定相邻两个时间点的陆地和水体变化过程随时间成线性变化，在像元尺度上，首先获取每个像元 2000—2015 年的重复观测，去除云、云阴影、山体阴影等观测，依据每景影像在水体(标识为 1)或陆地(标识为 0)的获取时间，利用相邻两景影像的时间差距，在 2000—2015 年长时间序列上进行插值，生成逐日的时间序列数据，然后在月内对于插值结果求平均值，如果平均值大于等于 0.5，则像元在该月标识为水体，否则标识为陆地。对于逐月的插值结果，统计年内水体和陆地的发生次数，次数较多者的类型则为该像元该年份的水体结果，生成研究区的逐月和逐年水体分布和变化过程。

3.4.4　模型性能需求

水体提取算法主要通过 C 和 Python 编程语言实现。其中所需的开源代码库有 Geospatial Data Abstraction Library (http://www.gdal.org/)，PROJ4 (http://trac.osgeo.org/proj/)，NumPy (http://www.numpy.org/)，SciPy (http://www.scipy.org/)和 Matplotlib (http://matplotlib.org/)。

水体提取和插值算法依靠马里兰大学地理科学系 GLCF(Global Land Cover Facility)团队的高性能数据存储和处理能力的超型计算机，利用多线程处理技术进行数据处理。利用 60 个服务器(16 个核、64 GB 内存核)，将 2000—2015 年共 96278 景影像进行水体提取，提取算法运行近 10 d。然后，通过转投影插值将水体提取结果综合到月尺度，由于是时间序列分析，效率较低。因此，为了加快水体插值算法运行效率，最终在 90 m 尺度上进行水体插值并进行湖泊标识，运行时间约 20 d。

3.5 水体提取结果精度评价

3.5.1 水体提取结果精度评价方法

最理想的水体验证方法是利用高分辨率的影像数据(如 Google Earth 影像)将人工解译水体范围与提取结果相比较，但是这种方法对于小区域或单景影像比较适合。对于大区域长时间序列水体数据的验证，人工解译方法比较费时费力。同时，对于待验证的 Landsat 影像，也并不是总能得到同一时间的高分辨率影像去对比验证，由于地表水动态变化，特别在干旱/半干旱区域，洪水使得地表可能在几天时间内就会被淹没，如果利用不同于 Landsat 影像获取时间的影像来对比验证就会带来一定的偏差。因此，为了系统评价水体提取结果，本书利用统计学方法布设样点，通过分层随机采样，将 Landsat 时间序列验证点进行人工解译与提取结果对比，来计算水体提取结果的误差矩阵，以此评价水体分类的总体精度(Stehman，2009)，同时评价这些精度的不确定性。本书对水体结果的验证主要分为三个部分：采样设计、响应设计和验证分析。

(1)采样设计

水体提取结果的精度评价采用了分层随机采样方法(Stratified Random Sampling)(Cochran，2007；Sannier et al.，2014；Stehman，1999；Stehman et al.，1998)。在分层随机采样中，总体被分成不重叠的子总体或称为层，然后在每一层中用随机采样的方法进行抽样。这样的设计有两个优势：①可以对每一个子总体做出结论；②由于每个层内都是同质的，层间是异质的。针对某一个特别的变量，整体估计出的方差可能比简单随机样本估计的方差小(郑吉平等，2005)。分层采样不仅考虑到不同子层之间存在的差异，也可以避免一些面积比例较好的地类产生的样本点过少的问题。

分层体系：本书主要以水体的波动频率为标准进行分层，保证样点库能够包括不同波动情况的水体像元。以 2010—2015 年时间序列 Landsat 影像提取的水体为目标，计算该时间段内地表水频率(Surface Water Occurrence，SWO)。具体地，在格网化的数据框架中，逐像元地统计 2010—2015 年的水体提取结果，像元的 SWO 计算如式(3.11)所示：

$$\mathrm{SWO} = \sum_{2010}^{2015} \mathrm{WD} / \sum_{2010}^{2015} \mathrm{VO} \tag{3.11}$$

其中，如果目标像元为提取的水体，则 WD=1，否则 WD=0；如果目标像元为有效观测像元，则 VO=1，否则 VO=0。图 3.7 为 2010—2015 年研究区水体波动的空间分布。

图 3.8 为研究区水体波动频率的直方图，频率为 0 的像元为稳定陆地，占研究区总面积的 86.66%，而频率极其小的像元大多为噪音点，为伪水体像元。如果以 0 的频率为陆地和波动水体的分界线，就会造成系统性的偏差，陆地的精度会很高，而波动较小的像元(1%～7%)则

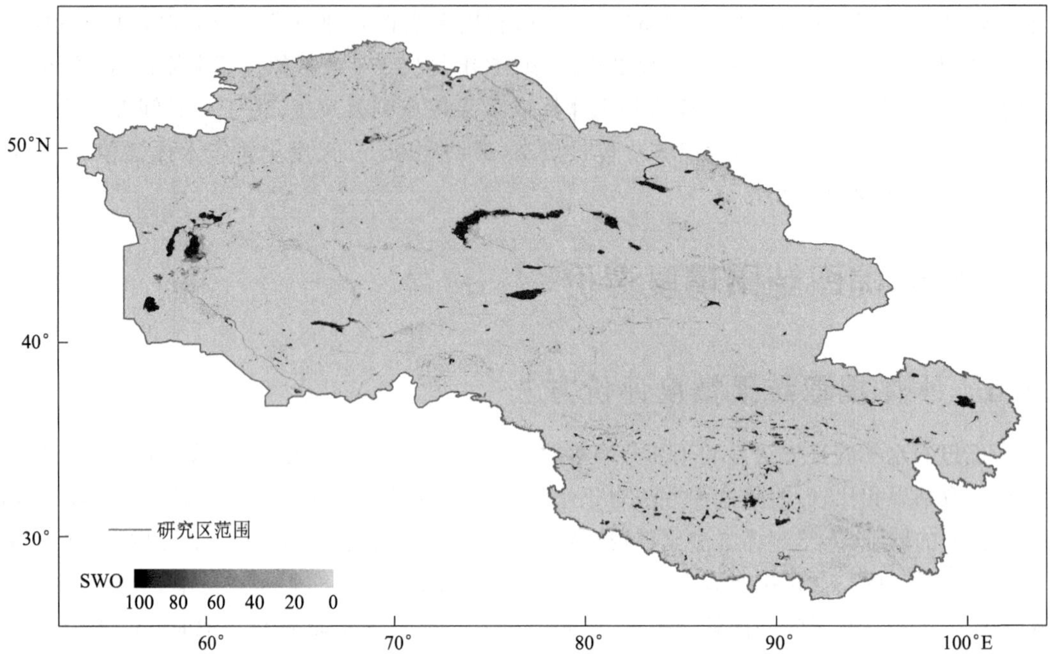

图 3.7　2010—2015 年研究区水体波动频率(附彩图)

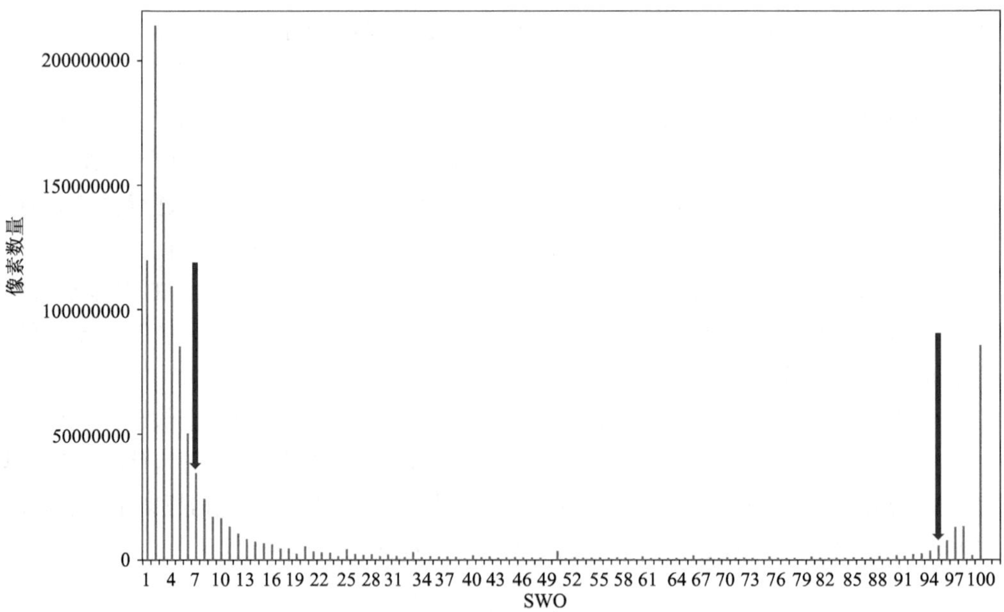

图 3.8　水体频率直方图(箭矢分别指向分界线 7%和 95%)

被划分到波动水体图层，由于波动较小的像元比例远远大于直方图中间波动较大的像元，因此，在波动较大的水体像元中随机采样时大多样点落于波动较小的像元上(1%～7%)，而无法将样点布设到水体波动比较剧烈的像元上而造成误差。波动水体和稳定水体之间的关系也类似，因此如果以 0 和 100%的频率作为分界点将研究区分层，大多样点会位于稳定陆地和稳定水体两个层。因此，为了避免这种采样的系统偏差，将 7%和 95%两个频率点作为分界线，频率小于 7%的像元作为稳定陆地层，介于 7%和 95%之间的像元为波动水体层，大于 95%的像元为稳定水体图层。

随机采样：分层确定后，研究区像元被分成不重叠的子层，然后在每一层中用简单随机采样的方法进行抽样，而层内采样一方面样点要具有随机性，另一方面要保证样点的均匀分布性。层内随机采样主要分为样点位置随机采样和时间序列随机采样。

① 样点位置随机采样：依据已有的土地覆盖验证样点数量控制研究（Song et al.，2017，Tulbure et al.，2016，Ying et al.，2017），本书研究区内每层的样点数目设置为 300，为保证样点的均匀分布性，在自动选择样点位置时，在研究区内对于建立的格网，首先从第一行横向格网开始采样，然后第二行，以此类推，保证样点位置在研究区的空间地理位置的均匀性分布。逐像元遍历每个像元时，产生一个 0～1 的随机数，如果产生的随机数小于该层的包含概率，则该像元被标识为样点，每层的包含概率（ρ_h）如表 3.6 所示。图 3.9 为采集的验证样点空间分布图。

表 3.6　不同层的像元包含概率

子层(h)	像元数量	包含概率(ρ_h)
稳定陆地	8175567881	300/8175567881
波动水体	262092035	300/262092035
稳定水体	127483809	300/127483809

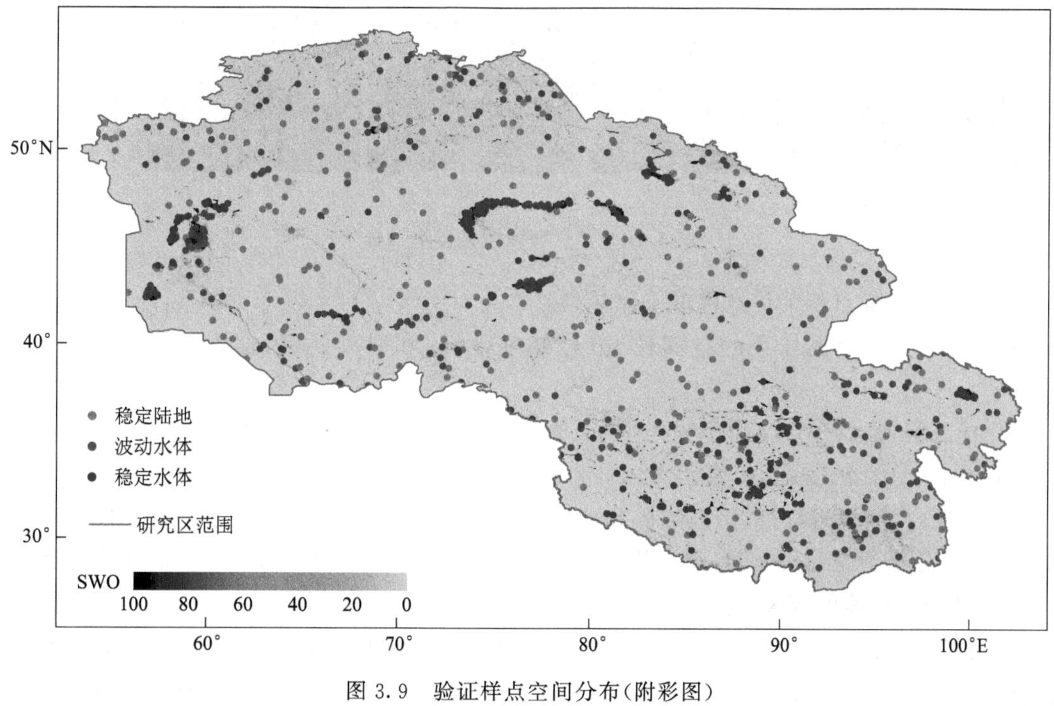

图 3.9　验证样点空间分布（附彩图）

② 时间序列随机采样：样点的空间位置确定后，每一个像元位置重新被当作一个集群，2010—2015 年 Landsat 影像提取结果为集群元素进行第二次采样（Padilla et al.，2014）。由

于 Landsat 影像的覆盖度使得水体季节变化分析成为可能，因此，在季节尺度上对水体提取结果进行验证。首先，将验证点上每个季节上的水体提取结果进行统计，将水体结果分为四层：春、夏、秋、冬季四个子层，每一个子层上随机选取一个水体提取结果作为时间验证点。则每个季节上样点的包含概率(ρ_j)可用式(3.12)求得，VD 为目标季节 2010—2015 年时间段上的有效观测。

$$\rho_j = 1/\sum \mathrm{VD} \tag{3.12}$$

(2)响应设计

样点确定后，通过人工解译样点相应时期和位置的 Landsat 影像得到验证点的水体或非水体状态，此解译过程主要依赖于能够显示 Landsat 影像基于浏览器的解译工具，解译界面如图 3.10 所示。

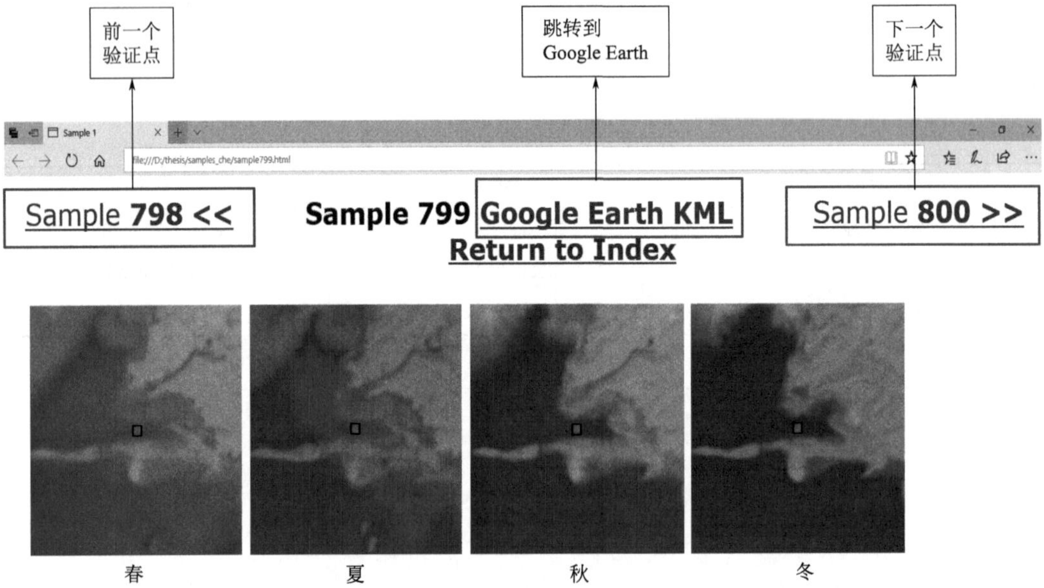

图 3.10 样点解译浏览器端示例

解译系统的样点相关信息提取工作包括：

① 样点定位：根据样点的空间位置(经纬度坐标)和时间属性，搜索相对应的 Landsat 影像；

② 样区裁剪：以样点空间位置为中心，选择 3 km×3 km 的矩形区域进行裁剪作为样点展示区(101×101 个 Landsat 像元)；

③ 波段合成：以近红外、短波红外和可见光红波段三个波段进行合成，该波段合成对内陆湖泊及河流分辨清楚(呈深蓝色调)，用于内陆水体和陆地/水体边界的确定。植被类型及长势可由棕、绿、橙、黄等色调区分。

所有样点区域生成后，基于 JavaScript 脚本将样点区域编写在浏览器端，便于解译人员解译(图 3.10)，并且嵌入了 Google Earth 接口来直接定位样点到 Google Earth 上，解译人员可通过样点位置的 Google Earth 影像以及样点附近的照片等信息(图 3.11)来完成解译。

(3)验证分析

本章对地表水体时间序列利用误差矩阵进行定量评价。误差矩阵(Error Matrix)，又称

图 3.11　Google Earth KML 按钮跳转为 Google Earth 界面

混淆矩阵(Confusion Matrix),表示分为某一类别的像元数量与地面检验为该类别数量的比较阵列。从误差矩阵中可以直观地得到每一类别的错分误差(commission error)和漏分误差(omission error),本书选取了总体精度(overall accuracy,OA)、用户精度(user's accuracy,UA)和制图精度(producer's accuracy,PA)3 种指标及其标准差(Foody,2002)。

总体精度:是由误差矩阵中分类正确的像元总数与所有像元总数的比值计算而得的,反映了每一个随机样本的分类结果与真实类型一致的概率。制图精度:是表示参考像元被正确分类的概率,用某一种类别分类正确的像元数除以该类参考像元总数,其对应的误差即为漏分误差。用户精度:如果采用一个类别的正确像元数除以实际上被分到该类像元的总数,其结果被称为用户精度,其对应的误差即为错分误差。

常用的这 3 种指标的计算方法是给每一个验证点权重赋值 1。本书通过标准化每一层的包含概率和时间序列上的包含概率,给每一个样点赋予不同的权重来消除非比例采样的影响。每一个样点的权重(w_{hij})通过联合分层体系的包含概率和样点在时间序列上的包含概率得出。

$$\rho_{hij} = \rho_{hi} \times \rho_{ij} \tag{3.13}$$

式中:ρ_{hij} 表示联合概率;h 表示分层体系中建立的 3 个子层;i 表示第 h 个子层中第 i 个验证点;ρ_{hi} 表示样点 i 在 h 层的包含概率;j 表示样点在第 j 个季节性采样,包含概率为 ρ_{ij},可通过式(3.14)计算得到,样点权重为

$$w_{hij} = 1/\rho_{hij} \tag{3.14}$$

则带权重精度的基本计算公式为

$$A = \frac{\sum_{h=1}^{3}\sum_{i=1}^{n_h}\sum_{j=1}^{t} w_{hij} y_{hij}}{\sum_{h=1}^{3}\sum_{i=1}^{n_h}\sum_{j=1}^{t} w_{hij} x_{hij}} \tag{3.15}$$

式中:w_{hij} 为每个采样点的权重;h 为子层的索引($h=1,2,3$);i 为第 h 层(该层共 n_h 个像元)中某个像元 i 的索引($i=1,2,\cdots,n_h$);j 为第 h 层中第 i 个像元采样到某个季节的索引($j=1,2,3,4$)。$\hat{c}_{hij}$ 为验证样点水体提取结果,c_{hij} 为该样点人工解译结果,定义不同的 x_{hij} 和 y_{hij} 参

数，利用式(3.16)计算不同的精度。总体精度的参数设置如下：

$$\begin{cases} y_{hij}=1 & (\hat{c}_{hij}=c_{hij}) \\ y_{hij}=0 & (\hat{c}_{hij}\neq c_{hij}) \\ x_{hij}=1 \end{cases} \tag{3.16}$$

水体制图精度：

$$\begin{cases} y_{hij}=1 & (\hat{c}_{hij}=c_{hij}=\text{water}) \\ y_{hij}=0 & (\hat{c}_{hij}=c_{hij}=\text{land 或 } \hat{c}_{hij}\neq c_{hij}) \\ x_{hij}=1 & (c_{hij}=\text{water}) \\ x_{hij}=0 & (c_{hij}\neq \text{water}) \end{cases} \tag{3.17}$$

水体用户精度：

$$\begin{cases} y_{hij}=1 & (\hat{c}_{hij}=c_{hij}=\text{water}) \\ y_{hij}=0 & (\hat{c}_{hij}=c_{hij}=\text{land 或 } \hat{c}_{hij}\neq c_{hij}) \\ x_{hij}=1 & (\hat{c}_{hij}=\text{water}) \\ x_{hij}=0 & (\hat{c}_{hij}\neq \text{water}) \end{cases} \tag{3.18}$$

此验证同时评估了误差估计(A)的方差估计量($\hat{V}(\hat{A})$)，方差估计量基于泰勒级数近似，用来指示精度的可靠性(Särndal et al.,1992)。计算公式如下：

$$\hat{V}(\hat{A})=\sum_{h=1}^{3}\hat{V}_h(\hat{A})=\sum_{h=1}^{3}\frac{n_h\left(1-\frac{n_h}{N_h}\right)}{(n_h-1)}\sum_{i=1}^{n_h}(g_{hi}-g_h)^2 \tag{3.19}$$

其中

$$g_{hi}=\frac{\sum_{j=1}^{t}w_{hij}(y_{hij}-x_{hij}\hat{R})}{\sum_{h=1}^{3}\sum_{i=1}^{n_h}\sum_{j=1}^{4}w_{hij}x_{hij}} \tag{3.20}$$

$$\hat{g}_h=\frac{\sum_{i=1}^{n_h}g_{hi}}{n_h} \tag{3.21}$$

3.5.2 时间序列内插法结果评价方法

插值是利用已有的 Landsat 观测提取结果对无 Landsat 影像覆盖的时间点的地物进行插值，而多数情况下，很难找到同一时间点的其他高分辨率影像去验证插值的结果是否准确。因此，本书利用交叉验证的方法来弥补验证点难以获得的缺陷(Kohavi,1995)。首先基于 3.5.1 节分层随机采样产生的样点，根据每个样点的时间序列水体提取结果，随机将 2/3 的水体结果作为插值的时间序列水体，1/3 的水体提取结果作为验证集，每一个样点随机验证 20 次，然后利用 3.5.1 节的精度验证指标评价插值结果(图 3.12)。

3.5.3 验证分析

根据分层随机抽样的方法，研究区 2010—2015 年共产生 3319 个样点，稳定水体、波动水体和稳定陆地三个子层的样点数量分别为 1147、1086、1086，水体和陆地像元的比例约为 1：

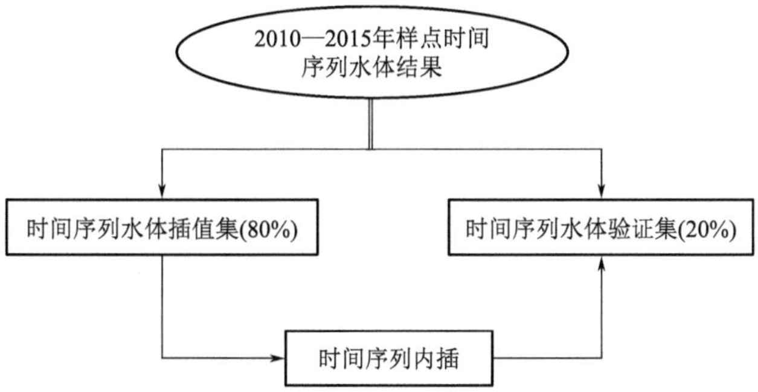

图 3.12　时间序列内插法验证方法

3。由表 3.7 可知，水体提取结果的总体精度为 99.45%，可信度较高(±0.59)。水体的错分误差和漏分误差分别为 14.63%和 1.83%，该提取算法有明显的过分误差。该误差主要是由于影像预处理中云、云阴影、山体阴影以及冬季冰雪错分造成。表 3.8 为稳定水体、波动水体和稳定陆地三个子层的精度对比。明显地，2010—2015 年，稳定陆地和稳定水体上精度都较高，波动水体子层的精度最低。在季节上，稳定水体层的水体提取误差较小，在四个季节的水体提取精度均大于 98%，最大误差出现在春季(98.77%)，但季节性误差不明显。波动水体误差最大，夏季提取精度最高，总体精度为 92.90%，用户精度为 76.14%，冬季提取精度最低(82.75%)，用户精度仅为 56.15%，检查发现大多由于冬季山体阴影或冰雪错分。稳定陆地上冬季误差也比较大，主要因为本算法在冰雪提取时利用波谱关系法设定固定阈值提取了冰雪，冰雪和水体在水体指数的相似性，使得在冬季特别是青藏高原地区水体提取精度较差。因此本书湖泊的分析主要集中于夏季月份(6—9 月)。

表 3.7　2010—2015 年水体提取方法的精度及其方差　　%

		参考		
		水体	无水体	UA
分类结果	水体	32.932	1.537	85.37(±3.74)
	无水体	0.482	65.050	99.94(±0.04)
	PA	98.17(±1.05)	99.09(±0.61)	99.45(±0.59)

表 3.8　2010—2015 年水体提取方法的分层精度及其方差　　%

	类别		春	夏	秋	冬
稳定水体 $N=1147$	OA		98.77(±0.03)	100(±0.00)	99.30(±0.02)	98.93(±0.03)
	UA	含水	98.45(±1.05)	100(±0.00)	100(±0.00)	99.46(±0.32)
		无水	100(±0.00)	100(±0.00)	91.27(±0.03)	97.75(±0.03)
	PA	含水	100(±0.00)	100(±0.00)	99.25(±0.86)	99.01(±1.40)
		无水	94.28(±0.03)	100(±0.00)	100(±0.00)	98.74(±0.02)
波动水体 $N=1086$	OA		92.25(±0.15)	92.90(±0.13)	88.56(±0.15)	82.75(±0.22)
	UA	含水	70.58(±3.71)	76.14(±3.66)	63.53(±3.04)	56.15(±3.04)
		无水	97.23(±0.09)	98.28(±0.05)	97.35(±0.07)	99.81(±0.01)
	PA	含水	86.88(±3.32)	93.43(±1.58)	89.40(±2.15)	98.6(±0.44)
		无水	93.34(±0.13)	92.77(±0.13)	88.37(±0.14)	81.02(±0.22)

续表

		类别	春	夏	秋	冬
稳定陆地 $N=1086$	OA		99.74(±0.49)	100(±0.00)	99.34(±0.91)	97.48(±3.73)
	UA	含水	91.00(±14.78)	97.27(±4.64)	89.80(±18.96)	72.46(±24.49)
		无水	97.61(±0.18)	98.36(±0.11)	96.91(±0.24)	99.44(±0.04)
	PA	含水	100(±0.00)	100(±0.00)	100(±0.00)	100(±0.00)
		无水	99.74(±0.51)	100(±0.00)	99.35(±0.94)	97.48(±0.96)

内插法在这些样点上的总体精度为 98.57%,在稳定陆地上插值结果的精度最高(98.86%),稳定水体的插值精度为 98.46%,在波动水体上精度最小(87.47%)(图 3.13)。然而,稳定水体和波动水体内插精度的方差比较小,特别是稳定水体,方差几乎为 0(0.004%),而稳定陆地的方差最大(0.26%),表明水体错分对插值影响较为明显。

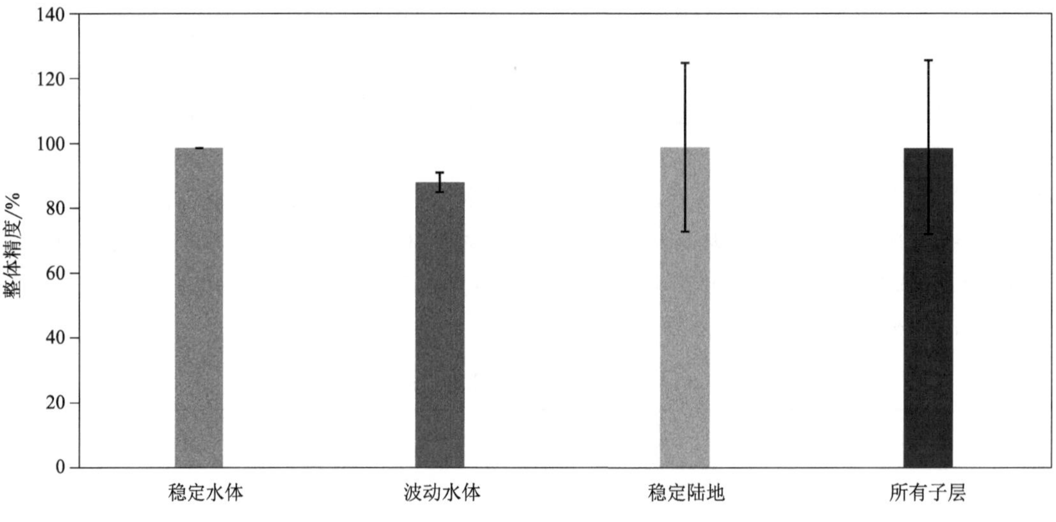

图 3.13 时间序列内插法在不同子层的插值精度

3.6 本章小结

针对 MODIS 粗空间分辨率影响,本章开展了 Landsat 尺度水体监测研究。近年来,特别是 2010 年以后 USGS 的全球 Landsat 卫星整合项目,使得 Landsat 影像能够实现全球覆盖,覆盖区域的遥感影像数量也明显增加,为大区域长时间序列地表水体变化分析提供了数据支撑。本章以 Landsat 遥感影像为数据源,以亚洲中部地区为例,设定水体提取框架,评价了水体提取方法精度,主要内容和结论如下:

(1)筛选和下载中亚地区云量小于 80%的 2000—2015 年 Landsat 影像,统计和分析研究区影像数量的空间分布。总体上,影像覆盖度从西北到东南逐渐增加,平均覆盖度为 19 景/a,使得影像数据能够有效地监测水体的年季变化。在季节上,影像覆盖度除夏季外,其余季节在空间上也呈现类似分布,西北少东南多。春、夏、秋三个季节每年的覆盖度为 5 景/a,冬季较少,平均覆盖度为 4 景/a,使得整体上能够分析水体的季节性变化。

(2)针对水体不同区域不同时间水体特性的不同，对于每一景影像，融合影像的光谱特征、地形数据(高程和坡度)和已有的 MODIS 水体数据，通过对光谱和地形数据使用普适性阈值将地表分为水体、非水体、冰雪、地形阴影和山体阴影。然后与 MODIS 水体数据层叠加获得不等权重的子层，在子层内对于水体和陆地自动采集样点，通过 C5.0 决策树分类算法将影像逐景分类获得水体数据。采用分层随机采样方法在研究区进行采样，通过人工解译验证点，对时间序列水体提取结果进行系统性的评价。通过统计 2010—2015 年水体波动频率，以此为标准进行分层(波动水体、稳定水体和稳定陆地子层)，每个子层内随机采样，对于选定的像元在时间序列上采样保证每一个季节均有验证点，总共获得验证样点 3319 个。地表水体时间序列验证利用误差矩阵进行定量评价(总体精度、制图精度和用户精度)。验证结果表明：研究区时间序列水体数据的总体精度为 99.45(±0.59)，水体的用户精度(错分)为 85.37%(±3.74)，制图精度(漏分)为 98.17(±1.05)。错分误差主要为预处理部分为云阴影、山体阴影以及冬季冰雪造成。在每个子层上，稳定陆地和稳定水体子层提取精度较高，波动水体子层的精度最低。在季节上，稳定水体层的水体提取误差较小，在四个季节的水体提取精度均大于 98%，最大误差出现在春季(98.77%)，但季节性误差不明显。波动水体误差最大，夏季提取精度最高，总体精度为 92.90%，用户精度为 76.14%，冬季提取精度最低(82.75%)，用户精度仅为 56.15%，检查发现大多由于冬季山体阴影或冰雪错分。稳定陆地上冬季误差也比较大，主要因为本算法在冰雪提取时利用波谱关系法设定固定阈值提取了冰雪，冰雪和水体在水体指数的相似性，使得在冬季特别是青藏高原地区水体提取精度较差，因此该算法对于冰雪地物的识别精度仍有待提高。

(3)本章不同于大多已有研究，季节上分析主要是将每一季节上影像进行简单合成，本章逐像元地将 2000—2015 年已有的水体数据进行内插获得逐月的数据。内插方法的验证主要是基于时间序列水体提取的验证点进行交叉验证。对于每一个验证点的时间序列水体数据，以 80%时间序列结果为插值集，以剩余 20%的水体提取结果为验证集进行精度验证。结果表明：内插法总体精度为 98.57%，在稳定陆地上插值结果的精度最高(98.86%)，稳定水体的插值精度为 98.46%，在波动水体上精度最小(87.47%)。稳定水体和波动水体内插精度的方差比较小，特别是稳定水体，方差几乎为 0(0.004%)，而稳定陆地的方差最大(0.26%)，表明非水体错分会使插值结果误差较大。

第 4 章　亚洲中部地区湖泊动态变化分析

4.1　湖泊标识

水体提取模型可得到研究区的水体数据，利用种子点湖泊数据将水体扩张为湖泊，主要考虑到：为每一个湖泊定制一个唯一编码，以便分析各个湖泊的变化趋势；种子点湖泊可预先确定湖泊的大致位置，防止一些错分的水体被扩张为湖泊，提高湖泊变化分析精度；对于 Landsat 水体提取结果，有时湖泊横跨多景，利用种子点湖泊数据扩张使得横跨多景的水体被标识为同一个湖泊，便于分析。

4.1.1　种子点湖泊数据来源

本章所用的种子点数据为 HydroLAKES。Messager 等(2016)通过纠正和规范化已有的近全球或区域水体数据集(表 4.1)、覆盖范围为 56°S—60°N 的 SRTM 水体数据集和北美洲 CanVec 数据集。如果数据为栅格数据，首先通过边界平滑矢量化建立湖泊多边形，其他主要的处理包括人工识别、去除河流和湿地多边形、去除重复或重叠多边形、融合分离的多边形为单一的湖泊实体、校正突兀或不正确的多边形几何体、移除湖泊内小型岛屿(<0.03 km^2)、平滑水体边界减少不同数据集的不一致性。更多的种子点数据集的处理流程可参考技术文档(http://www.hydrosheds.org/images/inpages/HydroLAKES_TechDoc_v10.pdf)。该数据集统计得出全球面积大于 0.1 km^2 的湖泊总共有 1.42×10^6 个，面积约为 2.67×10^6 km^2，约占全球陆地面积的 1.8%，通过裁剪获取研究区内湖泊数据(14495 个)。因此，本章对面积超过 0.1 km^2 的湖泊进行了变化分析。

表 4.1　HydroLAKES 生产参考的湖泊数据集(Messager et al.,2016)

数据集名称	覆盖范围	格式和分辨率	湖泊数量/个
Region Canadian hydrographic dataset (CanVec)	Canada (entire country)	Vector;1∶50000 Raster	863550
Shuttle Radar Topographic Mission (SRTM) Water Body Data (SWBD)	56°S—60°N	Raster;1 arc-second (~30 m at the equator)	282571
MODerate resolution Imaging Spectro- radiometer (MODIS) MOD44W water mask	Russia above 60°N	Raster;250 m	167435
US National Hydrography Dataset (NHD)	Alaska (entire state)	Vector;1∶24000	58496
European Catchments and Rivers Network System (ECRINS)	Europe above 60°N and entire Norway	Vector;varying resolutions (~1∶250000)	50699
Global Lakes and Wetlands Database (GLWD)	World	Vector;1∶1 million	3023

续表

数据集名称	覆盖范围	格式和分辨率	湖泊数量/个
Global Reservoir and Dam database (GRanD)	World	Vector;varying resolutions (1∶1 million)	1133
Other	World	Vector;varying resolutions (1∶1 million or better)	781
总计			142768

4.1.2　湖泊标识算法

水体扩张成湖泊主要是为每个湖泊赋予一个唯一标识。主要分为以下几步：

(1)种子点湖泊数据投影为通用横轴墨卡托投影的面状矢量数据，为保证和格网水体数据准确地叠加，将种子点湖泊数据转投影为正弦曲线投影(SIN)，并栅格化为格网水体数据空间分辨率(90 m)；

(2)统计种子点湖泊数据中各个湖泊所在像元，作为各个湖泊的初始水体库；

(3)水体动态变化可能会使一些小型湖泊和周围的大型湖泊相通，为使这样的湖泊被定义为其大型湖泊的标识，需将种子点湖泊数据中各个湖泊按像元数大小排序，从面积最大湖泊开始扩张；

(4)逐一取出水体库像元，如果该像元在提取的水体图中为水体且未遍历过，则将该像元标识为湖泊像元，且标识为已遍历过。同时，以该像元为中心，设置 3×3 的活动窗口，将其中未遍历的水体像元加入水体库中；

(5)重复(4)过程，直到水体库中无像元，并将此过程标识的湖泊像元赋予种子点湖泊数据中该湖泊的标识；

(6)重复上述(3)(4)过程，直到遍历完所有水体库像元。

4.2　湖泊变化分析方法

由于算法在冰雪提取存在的局限性，为减少冰雪对湖泊动态变化趋势的影响，本章利用 6—9 月的提取结果来分析研究区湖泊动态变化。为探究不同时期湖泊的面积和数量变化，采用一元线性回归模型结合最小二乘法计算湖泊面积和数量的年变化率，计算公式如下：

$$\text{Area} = \text{Slope}_1 \times \text{Year} + b_1 \tag{4.1}$$

$$\text{Num} = \text{Slope}_2 \times \text{Year} + b_2 \tag{4.2}$$

式中：Area 为每年的湖泊面积(km^2)；Slope 为湖泊面积年变化速率(km^2/a)；Year 为年份(2000—2015 年)，并采用 t 检验模型中 p 值来判断湖泊变化是否具有显著趋势。并假定 p 值小于 0.05，则认为湖泊变化具有显著趋势，湖泊数量变化分析类似。为便于不同类型湖泊的比较，另外一个标识湖泊变化的参数是变化率，用 Rate 表示(%/a)，计算如下：

$$\text{Rate} = \text{Slope}/\text{Mean} \times 100\% \tag{4.3}$$

式中：Slope 为拟合的湖泊年变化速率；Mean 为 2000—2015 年的平均湖泊数量或面积。

4.3 研究区湖泊变化分析

4.3.1 湖泊数量变化

Lehner 等(2004)指出,全球和区域湖泊数量与面积呈幂指数关系(式(4.4))。依据2000—2015 年的湖泊数据,本节首先将中亚干旱区和青藏高原内的湖泊数量与面积按照 8 个分段([0.01,0.05]、(0.05,0.1]、(0.1,0.5]、(0.5,1]、(1,10]、(10,100]、(100,1000]、(1000,∞])进行统计。本书中亚干旱区和青藏高原地区区域面积差异较大,为使两个区域在同一个尺度对比,首先将各个分段统计的湖泊数量通过两个区域面积进行归一化,计算湖泊数量密度(每 100 km^2 面积上湖泊的数量)。图 4.1 为按照湖泊面积的 10 幂级呈现的两个区域的湖泊数量密度规律。对于全球大于 1 km^2 的湖泊而言,湖泊的数量与面积的关系系数为 $\alpha=155791$ 和 $\beta=-0.9926$。当 $\beta=-1$ 时,表明湖泊面积每增加一个 10 的数量级,湖泊的数量将减少一个 10 的数量级,不同地区由于湖泊分布密度的不同,其系数也有较大的差别。结果表明,中亚干旱区和青藏高原的湖泊数量均和湖泊大小呈幂指数关系,与全球湖泊数量和湖泊大小分布相似。与全球湖泊幂指数关系相比,两区域 β 值接近,均小于全球尺度 β,因此,这两个区域小型湖泊整体偏少,湖泊数量随着湖泊面积增大减小的尺度较小。中亚干旱区湖泊数量密度呈现两头大中间小的分布,湖泊大小在 0.01~0.1 km^2 波动的湖泊数量密度在两个区域上几乎相等,青藏高原地区中型大小湖泊的密度远高于中亚干旱区。

$$N=\alpha\times A^{\beta} \tag{4.4}$$

式中:N 为面积大于 A 的湖泊数量密度(个/100 km^2);A 为面积分段;α 和 β 分别为关系系数。

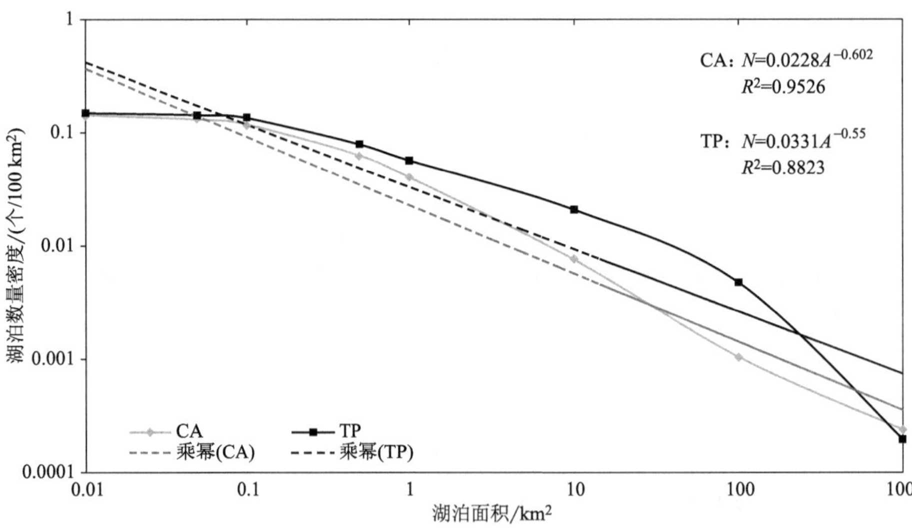

图 4.1 中亚干旱区(CA)和青藏高原地区(TP)不同大小湖泊数量分布趋势

本书同时将湖泊更详细地按湖泊大小分为 7 类,分别统计中亚干旱区和青藏高原地区不同大小类型的湖泊数量在总湖泊数量中所占的比例(图 4.2)。在中亚干旱区和青藏高原两个区域,大多数湖泊面积为 0~1 km^2,分别占 72.40%和 62.24%。中亚干旱区面积在 500~

1000 km² 波动的湖泊最少，仅占中亚干旱区总湖泊数量的 0.08%；面积大于 1000 km² 的湖泊约占 0.15%。青藏高原地区面积大于 1000 km² 的湖泊数量最少，约占青藏高原地区湖泊的 0.13%。其余类型的湖泊数量均随着湖泊面积的增大呈减少趋势。

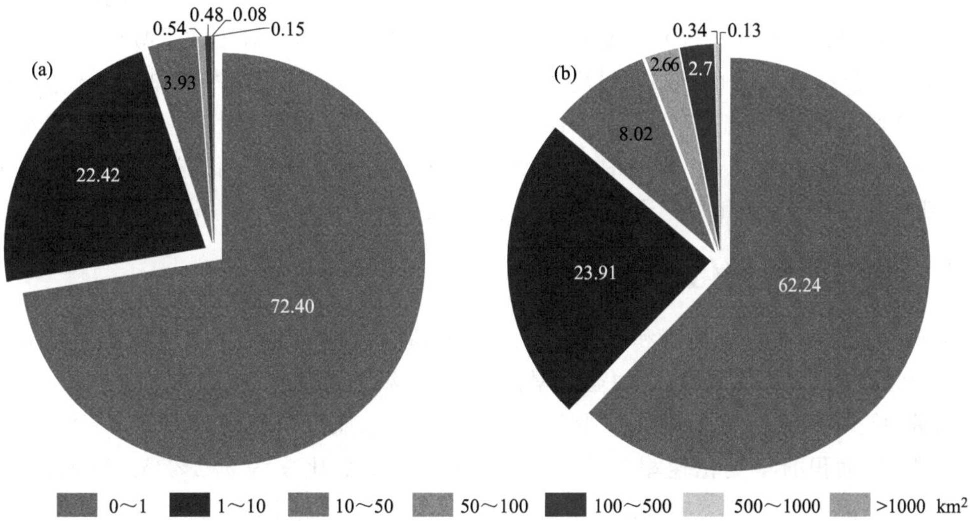

图 4.2　中亚干旱区(a)和青藏高原地区(b)不同大小湖泊数量比例(附彩图)

图 4.3 为中亚干旱区和青藏高原地区 2000—2015 年湖泊数量的变化趋势。中亚干旱区 16 a 减少了 724 个湖泊，减少速率约为 85 个/a，减少率约为 1.20%，湖泊数量年际波动较大，波动率约为 6.89%。青藏高原 16 a 减少了 65 个湖泊，减少速率为 4 个/a，减少率为 0.14%，2003—2004 年数量明显较少，青藏高原地区湖泊总数量相比中亚干旱区波动较小，约为 1.03%。结果表明，中亚干旱区湖泊数量减少率远高于青藏高原地区，约为青藏高原减少率的 9 倍，且年际波动较大，约为青藏高原地区的 6 倍。

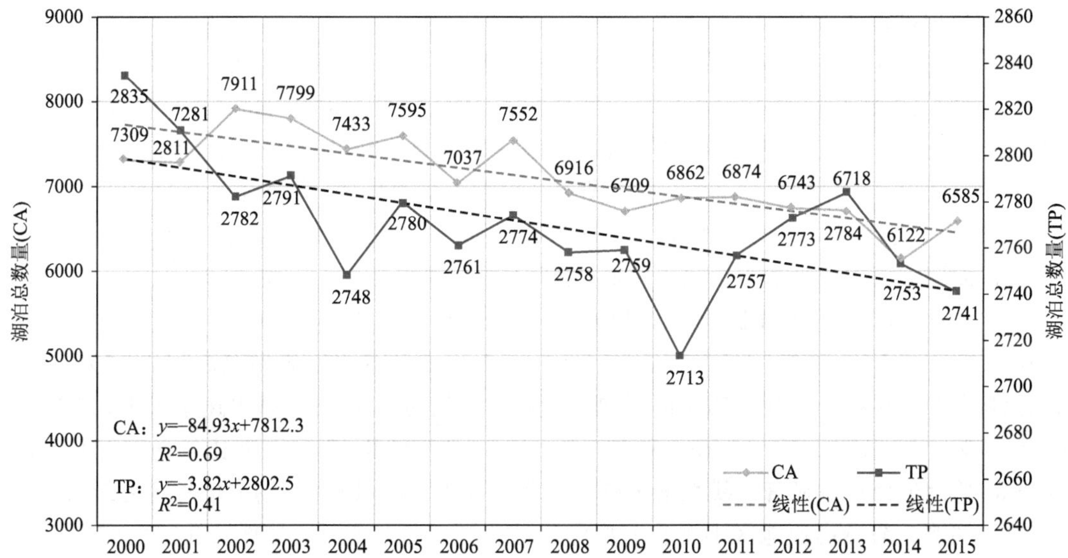

图 4.3　2000—2015 年 CA 和 TP 的湖泊数量变化趋势

表 4.2 为不同类型湖泊数量 2000—2015 年变化。中亚干旱区除了面积在 500～1000 km^2 的湖泊数量呈增加趋势外，其余类型湖泊数量均有减少趋势，并且面积在 1～10 km^2 波动的湖泊数量减少最为明显，减少率约为 2%，面积在 50～100 km^2 的湖泊数量最稳定，中亚干旱区大型湖泊（大于 1000 km^2）相比青藏高原明显偏多（咸海、巴尔喀什湖、伊塞克湖、萨雷卡梅什湖和阿拉湖等），主要分布在中亚干旱区中部地区，湖泊数量减少明显。青藏高原地区面积在 1～100 km^2 的湖泊数量均有减少趋势，0～1 km^2 的小型湖泊和面积大于 100 km^2 的湖泊数量均呈现增加趋势。面积在 100～500 km^2 波动的湖泊数量增加比较明显，约为 1.35%。面积大于 1000 km^2 的湖泊数量 2005 年有 3 个，分别为青海湖、色林错和纳木错，2006 年新增扎日南木错，和中亚干旱区类似，面积在 50～100 km^2 的湖泊数量变化最为缓慢。

4.3.2 湖泊面积变化

2000—2015 年，中亚干旱区和青藏高原地区的湖泊面积均发生了显著的线性变化，拟合度分别为 0.82 和 0.80（图 4.4）。中亚干旱区 2000 年湖泊总面积为 100457.38 km^2，到 2015 年湖泊面积减少到 89197.61 km^2，减少了 11259.77 km^2，减少面积约为青藏高原湖泊总面积的 25%。湖泊面积的年变化速率约为 −1146 km^2/a，年变化率为 1.2%/a。青藏高原地区 2000 年湖泊总面积为 45869.91 km^2，除 2010 年面积明显降低外，2000—2013 年呈稳定增加的趋势，2013 年后湖泊面积一直减少，到 2015 年湖泊面积为 5258.71 km^2，2000—2015 年增加了 4542.3 km^2。湖泊的年变化速率为 356.86 km^2/a，年变化率为 0.72%/a，表明中亚干旱区湖泊面积缩减比青藏高原湖泊增加更为显著。

图 4.5 为两个区域年内 6—9 月湖泊面积的波动情况（年内标准差系数/变异系数）。明显地，中亚干旱区湖泊面积年内标准差大，即湖泊面积年内波动较大，青藏高原地区湖泊年内面积较稳定。2000 年两个区域的年内波动程度比较一致，2000 年以后中亚干旱区年内波动呈现先增加后减少的趋势，2007 年湖泊面积波动性最大，几乎为青藏高原该年份波动强度的 4 倍。青藏高原地区 2000 年湖泊面积波动性最大，2000—2016 年呈现湖泊波动性减弱，特别是 2010 年后青藏高原湖泊面积年内夏季无显著波动。

表 4.3 列出了 2000—2015 年中亚干旱区不同类型湖泊面积变化情况。由表可知，中亚干旱区湖泊面积主要由面积大于 1000 km^2 和面积在 100～500 km^2 的湖泊组成（76.63%）。除面积在 500～1000 km^2 波动的水体呈增长趋势外（和该类型湖泊数量变化一致），其余类型的湖泊面积均减少，且面积大于 1000 km^2 的湖泊减少趋势最为显著，减少速率为 1181.99 km^2/a，线性拟合度最高，约为 0.96，面积在 1～10 km^2 的湖泊面积减小显著性次之，面积在 50～100 km^2 的湖泊面积减少最为缓慢。因此，面积大的湖泊未必比小型湖泊变化快。

几乎 50%的青藏高原地区湖泊面积来自面积大于 1000 km^2 和 100～500 km^2 的湖泊。面积在 50～100 km^2 和 100～500 km^2 的湖泊，大约各占青藏高原湖泊总面积的 10%。青藏高原面积在 1～10 km^2 和 10～50 km^2 的湖泊面积呈明显的减少趋势，减少速率为 11.19 km^2/a 和 18.24 km^2/a。面积在 0～1 km^2 和 50～100 km^2 的湖泊面积 16 a 来比较稳定，面积大于 100 km^2 的湖泊面积呈显著的线性增长趋势。面积大于 1000 km^2 的湖泊增长趋势最为显著，拟合度达最高。青藏高原地区小型和中型湖泊面积呈现减少趋势，大型湖泊（大于 100 km^2）呈增长趋势，和青藏高原湖泊总面积增长趋势一致（图 4.4），青藏高原湖泊数量呈现减少趋势（图 4.3），表明青藏高原的湖泊大多是中小型湖泊向大型湖泊过渡比较显著。

表 4.2　CA 和 TP 各类型湖泊数量逐年变化统计

湖泊面积/km^2	区域	年份																变化量/(个/a)	变化率/%
		2000	2001	2002	2003	2004	2005	2006	2007	2008	2009	2010	2011	2012	2013	2014	2015		
0～1	CA	5382	5221	5517	5512	5361	5368	5131	5393	5039	4890	5141	5061	4925	4879	4483	4832	−50.67	−0.99
	TP	1776	1739	1678	1705	1690	1718	1727	1720	1693	1739	1783	1682	1718	1738	1727	1755	0.85	0.05
1～10	CA	1567	1702	1968	1880	1687	1819	1543	1761	1510	1471	1366	1464	1470	1493	1325	1404	−30.23	−1.90
	TP	685	694	719	702	680	676	644	667	671	642	559	684	665	654	647	607	−4.98	−0.75
10～50	CA	274	274	332	310	294	312	271	305	280	260	261	267	261	259	233	260	−3.66	−1.32
	TP	226	228	229	225	219	225	227	226	226	212	216	222	223	223	213	214	−0.78	−0.35
50～100	CA	37	33	43	44	39	40	40	38	35	37	40	33	36	40	38	43	−0.01	−0.02
	TP	69	70	76	76	76	74	77	75	80	75	67	75	72	72	72	72	−0.08	−0.10
100～500	CA	32	35	33	36	35	39	35	38	35	35	38	32	36	32	27	29	−0.28	−0.81
	TP	68	69	67	70	70	74	73	73	75	79	75	81	81	83	80	79	1.01	1.35
500～1000	CA	6	5	6	6	5	5	5	6	5	5	6	7	6	6	7	7	0.09	1.49
	TP	8	8	10	10	10	10	9	9	9	8	9	9	10	10	10	10	0.06	0.65
>1000	CA	11	11	12	11	12	12	12	11	12	11	10	10	9	9	9	10	−0.17	−1.61
	TP	3	3	3	3	3	3	4	4	4	4	4	4	4	4	4	4	0.09	2.43

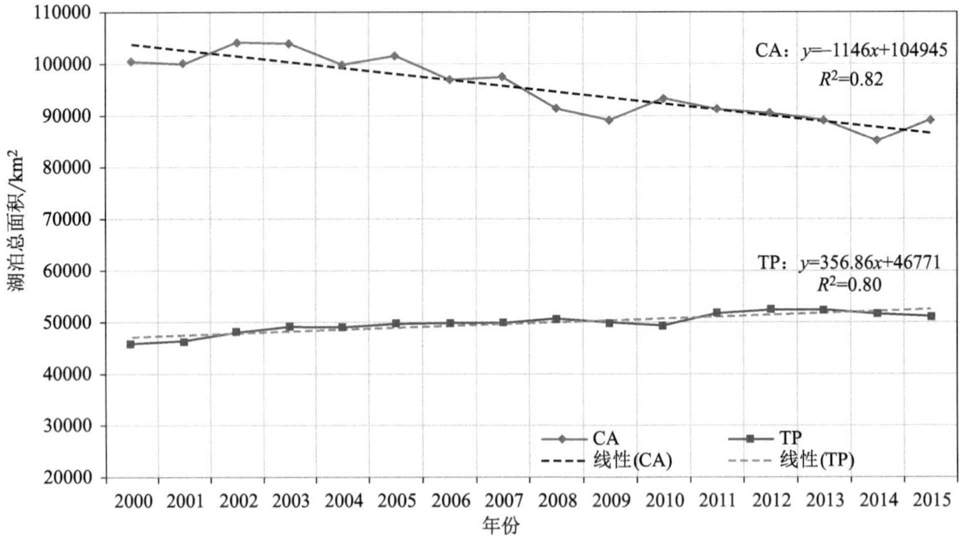

图 4.4　CA 和 TP 湖泊总面积变化趋势

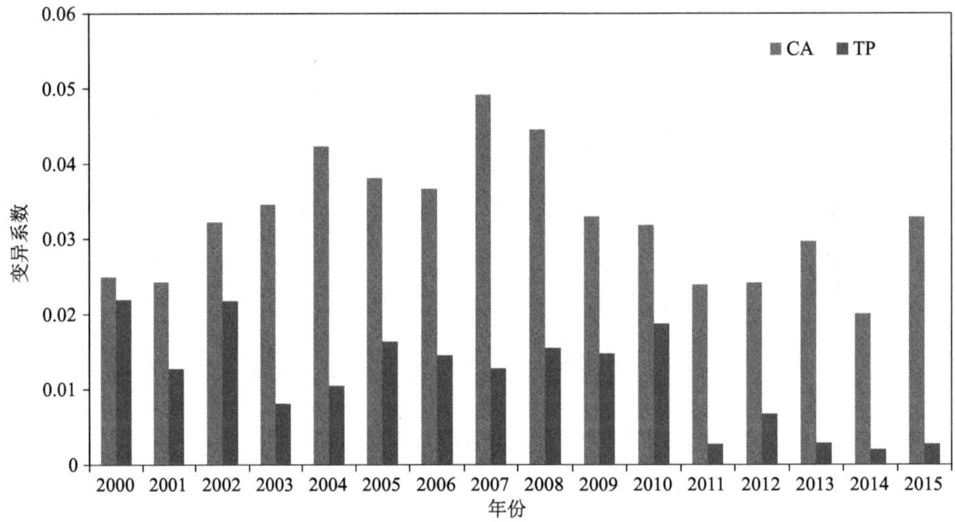

图 4.5　CA 和 TP 湖泊面积年内波动程度

表 4.3　研究区各类型湖泊面积年变化

湖泊面积/km^2	面积比/%		年变化速率/(km^2/a)		年变化率/%		拟合度	
	CA	TP	CA	TP	CA	TP	CA	TP
0～1	1.55	1.12	−21.07	0.54	−1.42	0.10	0.73 *	0.08
1～10	4.97	4.32	−78.47	−11.19	−1.66	−0.52	0.73 *	0.51 *
10～50	5.93	10.37	−85.09	−18.24	−1.51	−0.35	0.68 *	0.64 *
50～100	2.76	10.37	−11.29	−0.85	−0.43	−0.02	0.21	0.02
100～500	8.53	31.05	−34.14	171.92	−0.42	1.11	0.27	0.88 *
500～1000	4.08	12.18	133.00	42.87	3.42	0.71	0.71 *	0.52 *
>1000	68.10	18.39	−1181.99	128.935	1.82	1.41	0.96 *	0.93 *

注：* 表示通过 0.05 的显著性检验。

4.3.3　湖泊空间分布特征

为了能够清楚地说明中亚干旱区和青藏高原的湖泊数量和面积的空间分布差异，本节采用世界野生动物基金组织发布的陆地生态区划图(地理生态分区)，整个研究区共包含 44 个生态子区域，通过将相邻区域、相似生物类型的区域合并，将生态区合并为 15 个区域，如图 4.6 所示。表 4.4 统计了不同的生态类型湖泊的数量与面积。

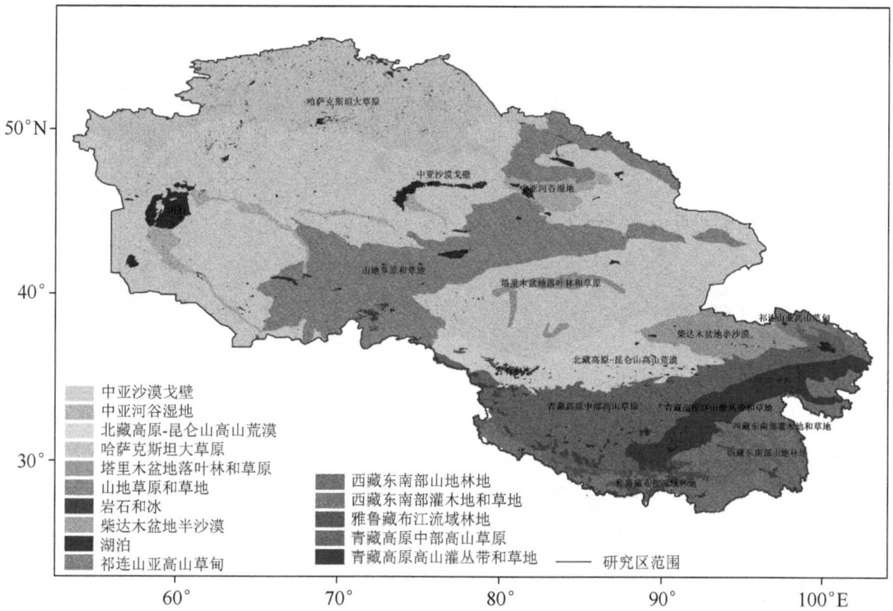

图 4.6　研究区地理生态分区(附彩图)

按数量区分，中亚干旱区湖泊数量最多的为哈萨克斯坦大草原，约占中亚干旱区湖泊总数的 49.71%，中亚沙漠戈壁区次之，塔里木盆地落叶林和草原最少。依据生态区面积，将湖泊按密度划分，中亚干旱区整体湖泊数量密度为 2.04 个/1000 km^2，湖泊面积密度为 1.94 km^2/100 km^2。其中，哈萨克斯坦大草原湖泊数量密度最大，约为 6.10 个/1000 km^2，中亚河谷湿地次之，中亚沙漠戈壁区和塔里木盆地针叶林和草原湖泊密度相当，山地草原和草地湖泊数量密度最小，仅为 0.81 个/1000 km^2。湖泊面积密度最大的生态区为中亚河谷湿地，约为 1.04 km^2/100 km^2。按照湖泊类型划分，哈萨克斯坦大草原生态区超小型、小型和中型湖泊数量密度均为 5 个生态区中最大，但大型湖泊中亚河谷湿地湖泊数量密度最大。

青藏高原地区 9 个生态区类型中，青藏高原中部高山草原湖泊数量最多，约占青藏高原地区湖泊总数量的 37.92%，西藏东南部灌木地和草地次之，约为 18.09%，藏北高原-昆仑山高山荒漠、青藏高原高山灌丛和草地湖泊数量相当，祁连山亚高山草甸尽管生态区面积比岩石和冰的生态区面积大，但湖泊数量最小。青藏高原整体湖泊数量密度约为 1.49 个/1000 km^2，湖泊面积密度为 2.18 km^2/100 km^2。其中，青藏高原高山灌丛和草地湖泊数量密度最大，约为 1.85 个/1000 km^2，青藏高原中部高山草原次之，约为 1.82 个/1000 km^2，柴达木盆地半沙漠湖泊数量密度最小。相反地，青藏高原中部高山草原湖泊面积密度最大，约为 3.75 km^2/100 km^2，青藏高原高山灌丛和草地次之，岩石和冰生态区湖泊面积密度最小，约为 0.40 km^2/100 km^2。

表 4.4 不同生态类型的湖泊数量和面积分布

单位：个，km^2

研究区	生态区类型	生态区面积/km^2	超小（0～1 km^2）		小型（1～10 km^2）		中型（10～50 km^2）		大型（>50 km^2）		总湖泊	
			数量	面积	数量	面积	数量	面积	数量	面积	数量	面积
中亚干旱区	中亚沙漠戈壁	2570038.63	2518	502.87	503	1487.48	91	1866.63	32	19129.2	3144	22986.18
	哈萨克斯坦大草原	762271.74	3620	955.10	878	2584.57	129	2458.98	25	4147.09	4652	10145.73
	中亚河谷湿地	214990.67	555	119.31	100	294.04	16	375.90	9	46929.59	680	47718.84
	山地草原和草地	988975.56	609	163.48	158	467.95	20	478.51	13	6589.30	800	7699.23
	塔里木盆地落叶林和草原	54472.17	64	9.32	11	27.62	6	132.92	2	118.67	83	288.54
青藏高原	青藏高原高山灌丛和草地	271848.91	391	85.41	72	229.76	20	485.97	20	5982.61	503	6783.74
	雅鲁藏布江流域林地	59458.23	53	13.88	20	68.88	5	145.92	2	629.57	80	858.25
	祁连山亚高山草甸	39628.51	24	6.36	6	12.91	0	0	1	599.58	31	618.84
	柴达木盆地半沙漠	187972.41	44	10.95	19	78.25	7	138.40	16	3140.63	86	3368.23
	西藏东南部山地林地	98375.00	79	29.22	22	60.20	6	117.56	0	0	107	206.99
	藏北高原-昆仑山高山荒漠	374426.23	277	92.51	128	484.05	51	1161.57	36	5705.63	492	7443.76
	青藏高原中部高山草原	656480.65	681	227.47	292	1045.01	139	3256.63	83	20066.19	1195	24595.30
	西藏东南部灌木地和草地	364505.17	424	152.22	132	327.14	6	110.18	8	1493.81	570	2083.36
	岩石和冰	64091.38	61	22.17	24	67.59	1	31.05	1	137.53	87	258.36

按照湖泊类型划分，青藏高原中部高山草原小型、中型和大型湖泊均是最为密集区，超小型湖泊密集区为青藏高原高山灌丛和草地。因此，整体上中亚干旱区湖泊数量密度较大，但湖泊面积密度小于青藏高原地区。此外，对中亚干旱区和青藏高原地区平均的湖泊数量和面积以及各个生态区的中亚干旱区平湖泊数量和面积密度分析可知，中亚干旱区各个生态区湖泊数量和面积密度相比青藏高原波动较大，表明中亚干旱区湖泊小而多，且分布不均匀，青藏高原地区湖泊大小和分布比较均一。

4.3.4 湖泊变化时空特征

本章基于 2000—2015 年每年湖泊平均面积，利用最小二乘法得出湖泊在 2000—2015 年的面积变化率。图 4.7 和图 4.8 分别为中亚干旱区和青藏高原地区不同类型湖泊的空间分布及年变化率。其中，中亚干旱区面积大于 50 km^2 的湖泊，61%的湖泊通过了 0.05 的显著性检验，面积大于 500 km^2 的湖泊，72%的湖泊通过了显著性检验。面积大于 1000 km^2 且变化大的湖泊，如咸海、巴尔喀什湖、阿拉湖和田吉兹湖等均通过了 0.05 的显著性检验。1～10 km^2 和 10～50 km^2 显著性较弱，分别为 52%和 41%，面积小于 1 km^2 的湖泊波动性较大。对于青藏高原地区而言，面积大于 50 km^2 的湖泊，68%的湖泊达到了 0.05 的显著性检验，面积大于 100 km^2 的湖泊，84%的湖泊达到了 0.05 的显著性检验，面积大于 1000 km^2 的湖泊均通过了 0.05 的显著性检验。10～50 km^2 的湖泊 61%通过了 0.05 的显著性检验，面积小于 10 km^2 的湖泊显著性较弱。显著性检验结果表明，本章得出的湖泊变化趋势具有较高的可靠性。

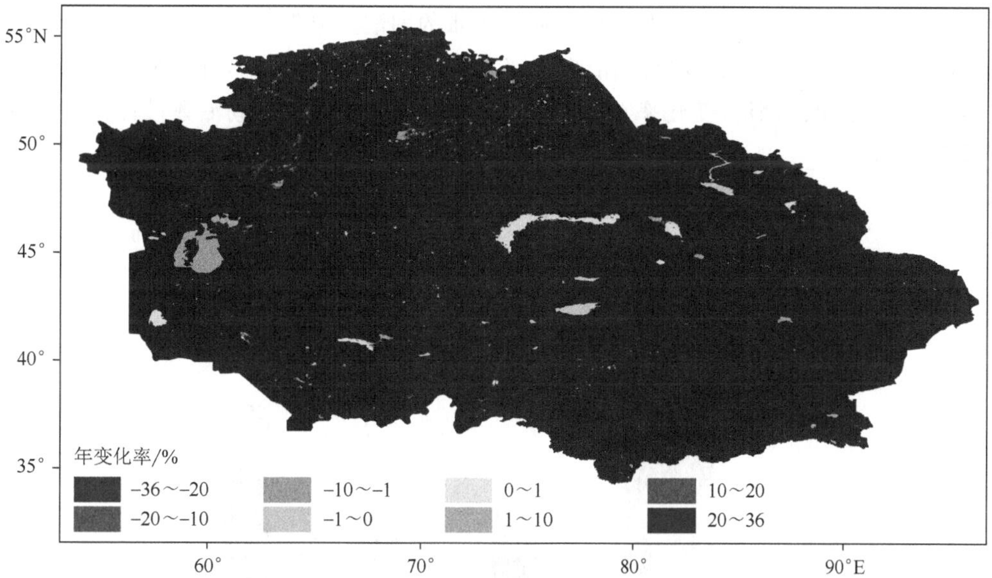

图 4.7　中亚干旱区湖泊年变化率空间分布(附彩图)

中亚干旱区约 75.24%的湖泊面积处于减少趋势。其中，面积变化率在－10%～－1%的湖泊最多，约占 40.79%，变化率在－20%～－10%的湖泊数量次之，这些湖泊主要集中在中亚干旱区西北部平原区和新疆中北部沙漠区域(图 4.7)。按照生态分区，缩减湖泊主要集中在哈萨克斯坦大草原西部和中亚沙漠戈壁区。中亚干旱区面积扩张的湖泊较少，变化率在 1%～10%的湖泊约占一半，主要分布在哈萨克斯坦大草原东部区域，中亚河谷湿地和昆仑山

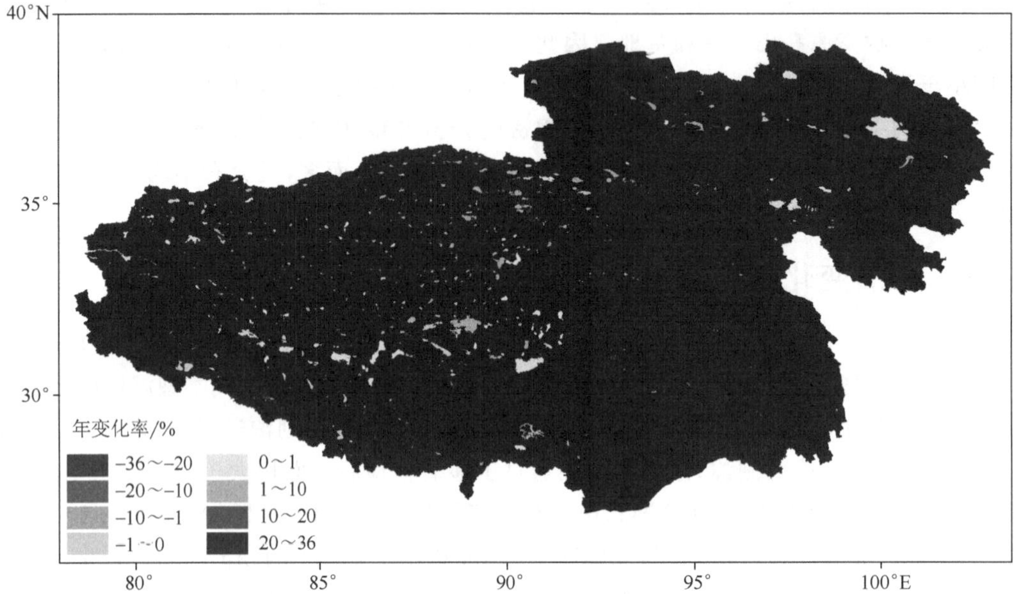

图 4.8　青藏高原地区湖泊年变化空间分布(附彩图)

中部地区。明显地,0～1 km^2 的小型湖泊在区域缩减或扩张最为剧烈。青藏高原地区湖泊约53.46%的湖泊呈现减少趋势,缩减湖泊大多在－10%～－1%波动,且面积小于 10 km^2,主要集中在西藏东南部林地和灌木地和草地。面积扩张的湖泊主要集中在青藏高原中部高山草原和藏北高原-昆仑山高山荒漠,增长湖泊变化率大多在 1%～10%波动,且中小型湖泊扩张比例明显增大,比较稳定的湖泊(变化率在－1%～1%)中,青藏高原地区湖泊数量百分比均高于中亚干旱区(图 4.9)。

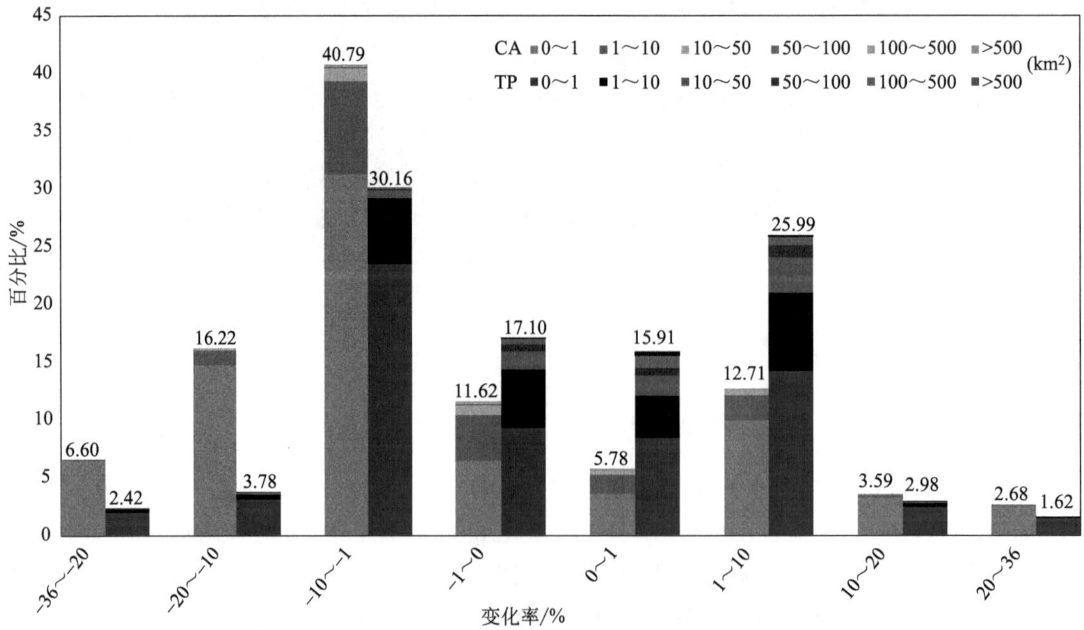

图 4.9　中亚干旱区和青藏高原地区不同变化率湖泊统计(附彩图)

4.4　本章小结

由于湖泊在生态环境变化和人类活动的重要作用，本章基于第 3 章提取的水体范围，用种子点扩张算法获取了中亚干旱区和青藏高原地区 2000—2015 年湖泊范围，从湖泊数量、面积、空间分布和时空变化方面对比分析了中亚干旱区和青藏高原地区的湖泊差异，主要结论如下：

(1)中亚干旱区和青藏高原湖泊数量和湖泊面积呈明显的指数分布，中亚干旱区湖泊数量密度呈现两头大中间小的分布，青藏高原地区中型大小湖泊的密度远高于中亚干旱区。两个区域大多数湖泊面积为 0～1 km^2，分别占 72.40%和 62.24%。中亚干旱区湖泊数量减少速率约为 85 个/a，减少率约为 1.20%，青藏高原减少速率为 4 个/a，减少率为 1.03%。中亚干旱区湖泊数量波动较大，约为青藏高原地区的 6 倍。中亚干旱区除了面积在 500～1000 km^2 的湖泊数量呈现增加趋势外，其余类型湖泊数量均呈现减少趋势，面积在 1～10 km^2 波动的湖泊数量减少最为明显。青藏高原地区面积在 1～100 km^2 的湖泊数量有减少趋势，其余类型湖泊数量均呈现增加趋势，且 100～500 km^2 波动的湖泊数量增加最为明显。

(2)2000—2015 年中亚干旱区湖泊面积缩减整体要比青藏高原湖泊增加更为显著。中亚干旱区湖泊总面积 16 a 来呈明显减少趋势，减少速率约为 1146 km^2/a，减少率为 1.2%/a。青藏高原呈明显的增加趋势，增加速率约为 356.86 km^2/a，增加率为 0.72%/a。中亚干旱区湖泊面积年内波动呈现先增加后减少的趋势，青藏高原地区年内波动 2000—2016 年呈现减弱趋势，特别 2010 年后青藏高原湖泊面积年内夏季无明显波动。

(3)除面积在 500～1000 km^2 波动的湖泊面积呈增长趋势外，中亚干旱区其余类型湖泊面积均有减少趋势。面积大于 1000 km^2 的湖泊面积减少最为显著，面积在 50～100 km^2 的湖泊面积最稳定。青藏高原地区 1～10 km^2 和 10～50 km^2 的湖泊面积呈明显的减少趋势，面积在 0～1 km^2 和 50～100 km^2 的湖泊面积 16 a 来比较稳定，面积大于 100 km^2 的湖泊面积呈显著的线性增长趋势。面积大于 1000 km^2 的湖泊增长趋势最为显著。青藏高原湖泊数量呈减少趋势，表明青藏高原的湖泊大多是中小型湖泊向大型湖泊过渡比较显著。

(4)中亚干旱区湖泊小而多，且分布不均匀，青藏高原地区湖泊大小和分布比较均一。中亚干旱区湖泊数量密度为 2.04 个/1000 km^2，湖泊面积密度为 1.94 km^2/100 km^2。中亚干旱区湖泊数量最多的为塔吉克斯坦大草原，塔里木盆地落叶林和草原最少。塔吉克斯坦大草原湖泊数量密度最大，中亚河谷湿地次之。湖泊面积密度最大的生态区为中亚河谷湿地。塔吉克斯坦大草原和中亚河谷湿地分别是小型湖泊和大型湖泊的密集地。青藏高原整体湖泊数量密度约为 1.49 个/1000 km^2，湖泊面积密度为 2.18 km^2/100 km^2。青藏高原中部高山草原湖泊数量最多，且湖泊面积密度最大，但青藏高原高山灌丛和草地湖泊数量密度最大，柴达木盆地半沙漠湖泊数量密度最小。青藏高原中部高山草原小型、中型和大型湖泊均是最为密集区，超小型湖泊密集区为青藏高原高山灌丛和草地。

(5)中亚干旱区约 75.24%的湖泊面积处于减少趋势，湖泊主要为小型湖泊，变化率主要在−10%～−1%波动，中亚干旱区西北部平原区和新疆中北部沙漠区域。面积扩张的湖泊较少，变化率在 1%～10%的湖泊约占一半，主要分布在哈萨克斯坦大草原东部区域，中亚河谷湿地和昆仑山中部地区。青藏高原地区湖泊约 53.46%的湖泊呈现减少趋势，缩减湖泊大多在－10％～－1％波动，且面积小于 10 km^2，主要集中在西藏东南部林地和灌木地和草地。面积扩张的湖泊主要集中在青藏高原中部高山草原和藏北高原-昆仑山高山荒漠，且中小型湖泊扩张比例明显增大，比较稳定的湖泊（变化率在－1％～1％）中，青藏高原地区湖泊数量百分比均高于中亚干旱区。

第 5 章　典型湖泊变化分析

研究逐月的湖泊面积及其变化，有助于理解区域湖泊季节性特征和变化驱动因素。因此，本章在中亚干旱区和青藏高原地区分别选了 2 个湖泊，探究湖泊变化和区域气候变化的关系。其中，中亚干旱区选取了最为典型的咸海（咸海东岸 600 a 来首次干涸）和哈萨克斯坦北部变化剧烈的田吉兹湖。青藏高原地区首先选择了黄河源头星星海湖泊，与已有的研究进行对比分析，其次选择了受人类活动影响较少，且不受现代冰川融水影响的兹格塘错，来反映全球变暖背景下的区域气候变化。

5.1　中亚干旱区典型湖泊分析

5.1.1　咸海

咸海地处中亚干旱地区中部，位于哈萨克斯坦与乌兹别克斯坦两国交界处（43°24′—46°56′N，43°24′—46°56′E）。湖区年均温度约为 9.4 ℃，年降雨量为 100～140 mm。咸海没有出水河流，为封闭湖泊，湖水损耗主要为蒸发，补给主要靠南边的阿姆河（Amu Darya）和东北部的锡尔河（Syr Darya）。阿姆河发源于帕米尔山脉，河流穿过喀喇库姆沙漠流入咸海。20 世纪 60 年代，阿姆河年均径流量约为 79 km^3，年均入湖量约为 40 km^3。锡尔河源于帕米尔北侧的中天山山脉，主要由山地降水及冰雪融水补给。60 年代，年均径流量约为 37 km^3，年均入湖量约为 15 km^3（吴敬禄 等，2009）。60 年代以前，咸海面积波动小，湖泊面积约保持在 6.8×10^4 km^2，是世界第四大湖泊，水位海拔高度约为 53 m，1960 年后大规模的流域农业灌溉及生活等大量用水使得水位和湖面开始急剧下降，1989 年分裂为北咸海和南咸海，南咸海水体波动剧烈，北咸海水位和面积相对较为稳定。咸海随着干旱的加剧，该地区的生态环境越来越差。

图 5.1 为咸海 2000—2015 年水体覆盖次数空间分布，可以看出北咸海湖面最为稳定，南咸海西部流域的东海岸变化比较大，变化最为明显的为南咸海东部流域。图 5.2 为咸海 2000—2015 年面积变化，整个咸海呈明显的萎缩状态，2000 年湖泊面积最大，为 25000.49 km^2，2010 年湖泊面积出现明显扩张，2014 年湖泊面积最小，仅为 7837.15 km^2，为 2000 年湖泊面积的 31%，该年咸海东部流域大部分河床已经消失，这将可能是现代历史上咸海首次出现完全干涸的情况，16 a 咸海萎缩速率可达 1129 km^2/a。

南咸海两个流域面积均呈现萎缩状态，西部流域面积线性减少趋势最为明显（R^2 约为 0.97），但年内湖泊面积稳定，2000 年湖泊面积最大，约为 6048.13 km^2，2015 年面积最小，约为 3185.35 km^2，线性减少率为 186.39 km^2/a，与东部流域湖泊面积波动不同，2010 年没有出现湖泊面积明显增加，西部流域湖泊面积相对稳定主要是由于其海岸线比较陡峭。

东部湖泊面积无论年内或年际波动最为剧烈，主要由于湖盆较浅，2000 年湖泊面积最大，

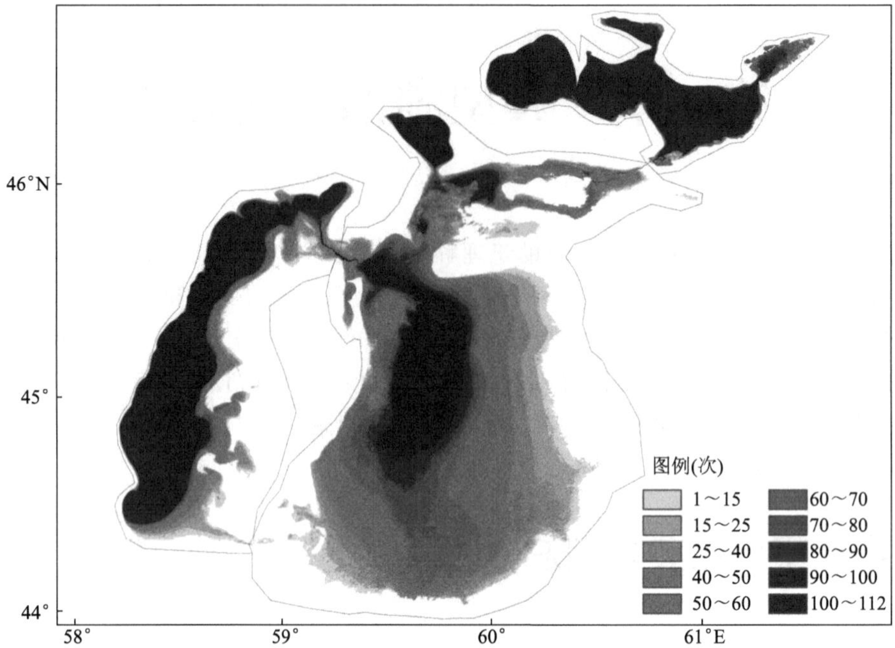

图 5.1 咸海 2000—2015 年水体覆盖次数空间分布(附彩图)

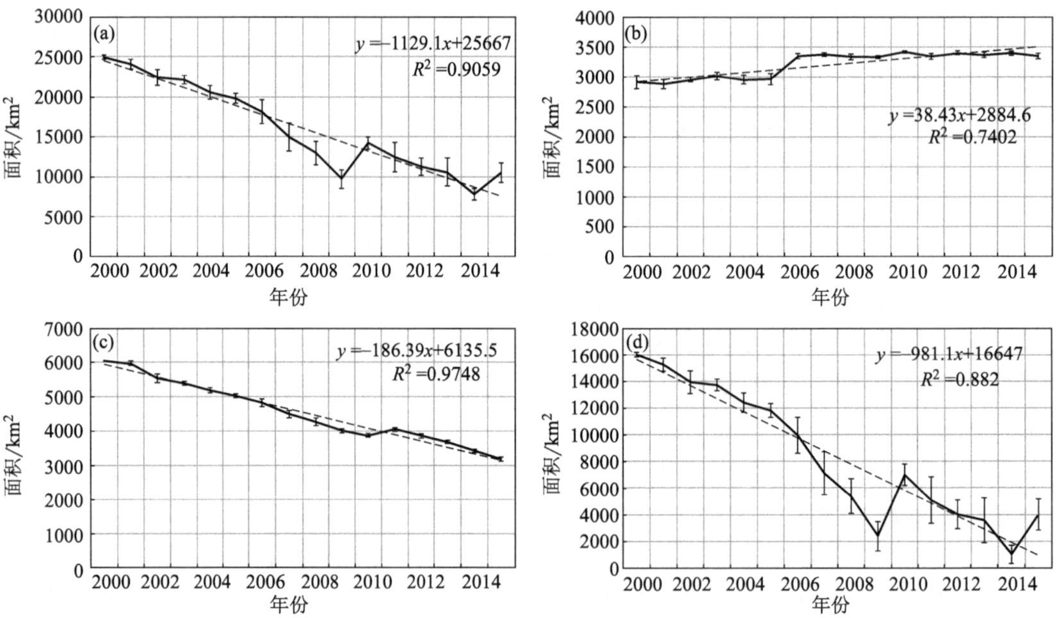

图 5.2 咸海 2000—2015 年面积变化

(实线为逐年湖泊面积,虚线为年际变化趋势,黑色竖实线为年内波动幅度,下同)

(a)咸海;(b)北咸海;(c)南咸海西流域;(d)南咸海东流域

约为 16040.58 km^2,到 2014 年湖泊面积萎缩到 1022.56 km^2,约为 2000 年湖泊面积的 6%,其东部流域南海岸几乎完全消失,2015 年东部流域水体又开始增加,总体减少率为 981.1 km^2/a。特别是 2006—2009 年,该部分湖泊面积急剧减少,一方面由于该时段气温较高，区域平均温度增加了 1～3 ℃，同时由于干燥使得湖泊蒸发增强。另一方面，2006—2009 年流入咸海的阿姆河径流量很小，几乎为零。2010 年，阿姆河流入咸海的径流量异常增大。此外，该流域温度的升高使得阿姆河流域雪覆时间减少，融雪增加。因此，南咸海东部湖泊或整个咸海面积在 2010 年出现了最明显的增加。

相反地，北咸海面积呈现较为稳定的增长趋势，除 2006 年有一个明显的湖泊面积增加外，其余年份反而呈现微弱增加的趋势。2000 年面积最小，约为 2911.77 km^2，2010 年湖泊面积最大(3416.76 km^2)，增长率约为 38.43 km^2/a。北咸海增长趋势是由于 2005 年哈萨克斯坦在南北咸海间修建了一座大坝，从锡尔河流进沙漠盆地的水流现在只汇入了北咸海。2005—2006 年，北咸海的面积明显反弹(图 5.2b)，且湖面的增大和北咸海水位的升高一致(图 5.3a)。除北咸海，明显地，南咸海西部流域湖泊面积和东部湖泊面积均和与之对应的湖泊水位变化一致。

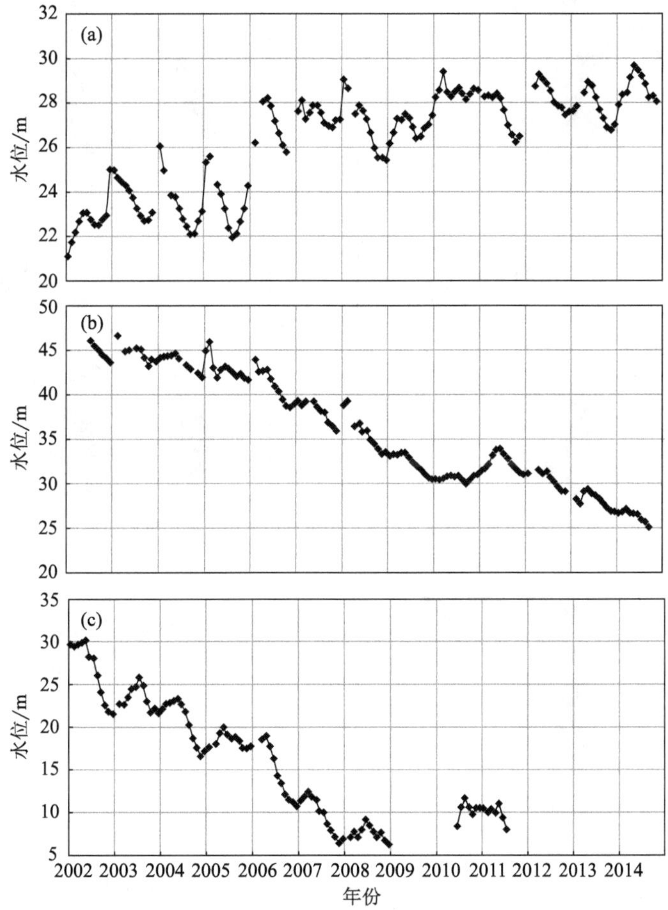

图 5.3　北咸海和南咸海东西流域水位变化(Singh et al.，2012)

(a)北咸海；(b)南咸海西流域；(c)南咸海东流域

图 5.4 为咸海水体覆盖次数空间分布，4—5 月咸海面积较大。冰川融水是中亚地区中的地表径流来源，4—5 月冰川消融，通过阿姆河和锡尔河补给咸海。7—10 月，气温升高使蒸散发剧烈增加，尽管降水有所增加，但难以弥补径流量的缺口，导致河川径流减少，进而促使进入湖泊的水量减少，湖泊水面减小。此外，夏季由于人类用水，如阿姆河和锡尔河上游特别是中

游地区大量的移民开垦土地用于棉花、水稻等农业生产，这些农作物在冬季到来年春天，有高山的冰雪融水，但是夏季大陆性干燥气候，农作物的灌溉使得 7—10 月湖泊面积相对较小。

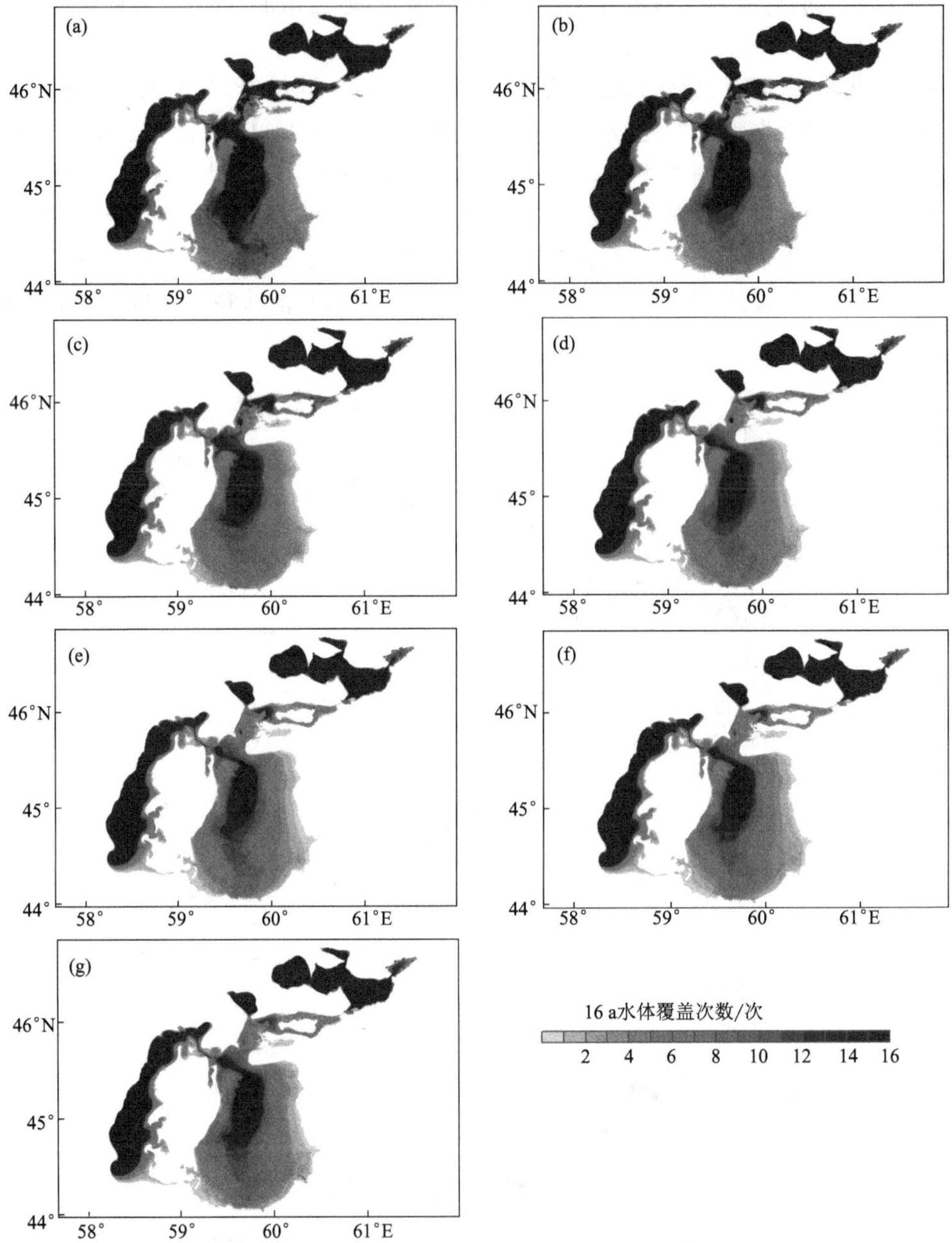

图 5.4　咸海 2000—2015 年水体覆盖次数空间分布(附彩图)

(a)4 月;(b)5 月;(c)6 月;(d)7 月;(e)8 月;(f)9 月;(g)10 月

图 5.5 为咸海 2000—2015 年 4—10 月各个流域湖面逐月变化趋势，整个湖泊和南咸海的东西两个流域 4—10 月每个月份均呈现减少趋势，北咸海每个月份均呈现增长趋势。北咸海 7 月湖面波动较大，6—9 月湖面增长比其他月份明显，这是由于咸海流域降雨量呈现增长趋势，北咸海湖面的变化受降雨影响较为明显。4—5 月南咸海西部流域湖泊面积 2000—2014 年减少明显，主要由于冰川的退缩使得初春融水减少，湖泊补给减少。南咸海西部受人类活动影

响较小，东部湖泊受人类活动影响最为严重，尤其夏季最为明显，大面积的粮棉生产和移民以及在咸海干涸的河床地区进行石油和天然气的勘探开采活动，使得该区域湖泊面积剧烈缩减。

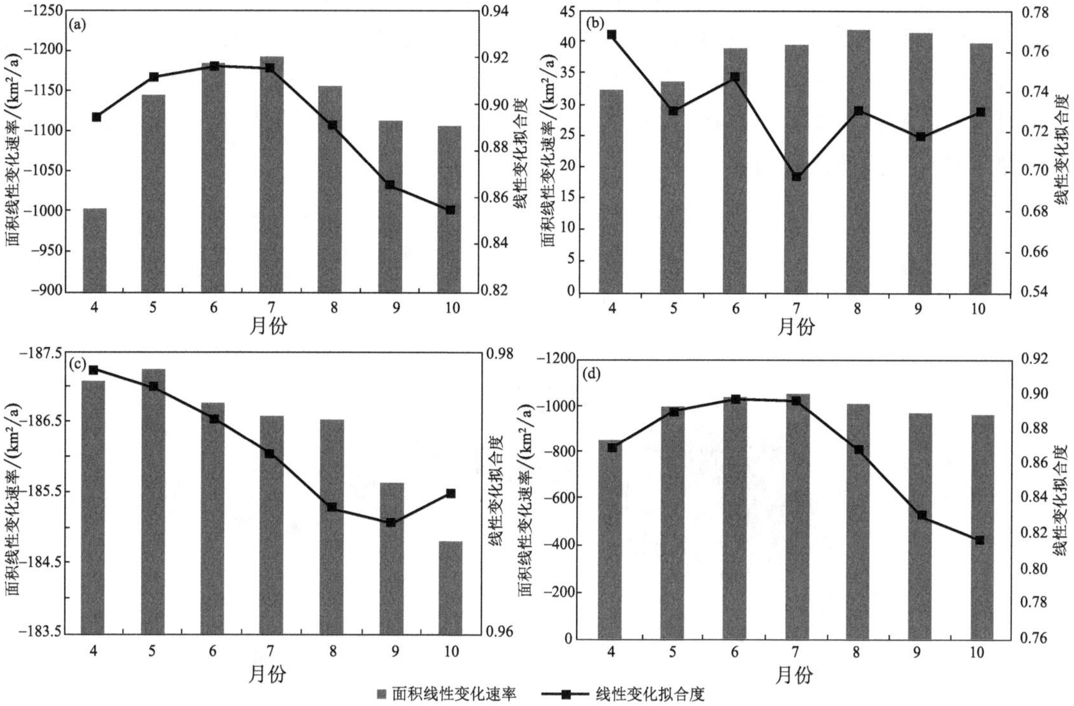

图 5.5　咸海 2000—2015 年 4—10 月逐月面积变化趋势

(a)咸海；(b)北咸海；(c)南咸海西流域；(d)南咸海东流域

咸海诞生于上新世时期，距今已有 500 多万年的历史，1960 年前，咸海水质很好，水的透明度很高。由于湖中有约 1500 座岛屿，咸海也被称为“岛屿之海”，总面积曾逾 66000 km^2。如今咸海面积大幅缩减，相比 1960 年，湖泊面积已经消失了“4 个北京”大小，水位下降和湖水含盐度的增加，大面积湖底出露形成盐漠并造成大范围的“白风暴”(盐尘暴)(图 5.6)。南咸海东部湖泊的海岸线已形成了 2～10 m 的盐壳，还有其他的生态问题，如绿洲荒漠化、区域气候恶化、水体及大气污染加剧，危害居民健康和湖水的咸化使得湿地资源与渔业资源等周围居民赖以生存的经济来源消失(吴敬禄 等，2009)。咸海消失不仅仅是气候变化的结果，同时人类活动也对其产生了重要影响，改善咸海生态环境刻不容缓。

图 5.6　咸海生态问题

5.1.2 田吉兹湖

田吉兹湖(50°26′23″N,68°54′0″E)是哈萨克斯坦的咸水湖,是该国北部最大的湖泊,位于人烟稀少的干旷草原和半沙漠地区,海拔高度 304 m,平均水深 2.5 m,最大水深 6.7 m,靠努拉河和库拉努特佩斯河补给,降雨和融雪使得湖水水位涨落明显,含有丰富的芒硝,曲折的湖东岸附近有岛屿。图 5.7 为该湖泊 2000—2015 年 4—10 月水体波动情况,可以明显地看出湖东岸和北部水体波动比较剧烈。

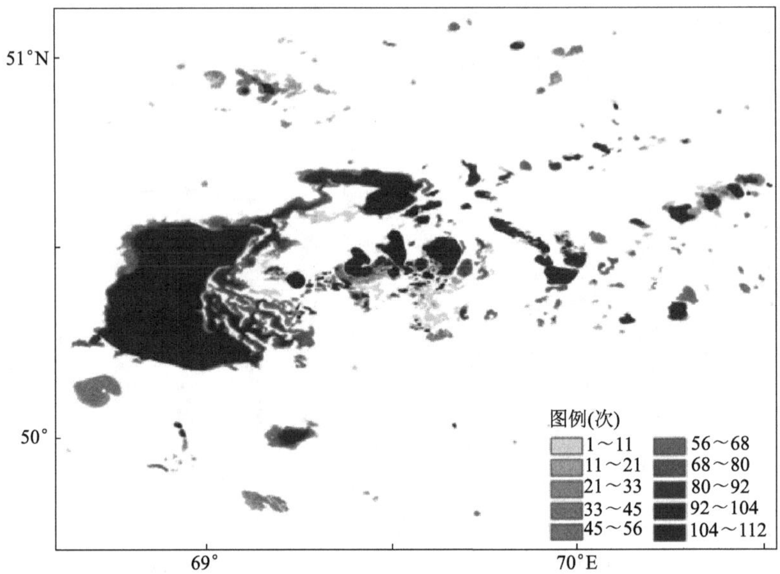

图 5.7 田吉兹湖 2000—2015 年水体覆盖次数空间分布(附彩图)

图 5.8 为田吉兹湖面积的年际变化曲线,2000—2005 年经历了一个缓慢增加的过程,2005 年后湖泊面积逐年减小,但 2015 年出现急剧增加,湖泊面积增加到 1265.56 km^2,与 2001 年湖面几乎持平,该变化趋势和 Klein 等(2014)提取结果一致。

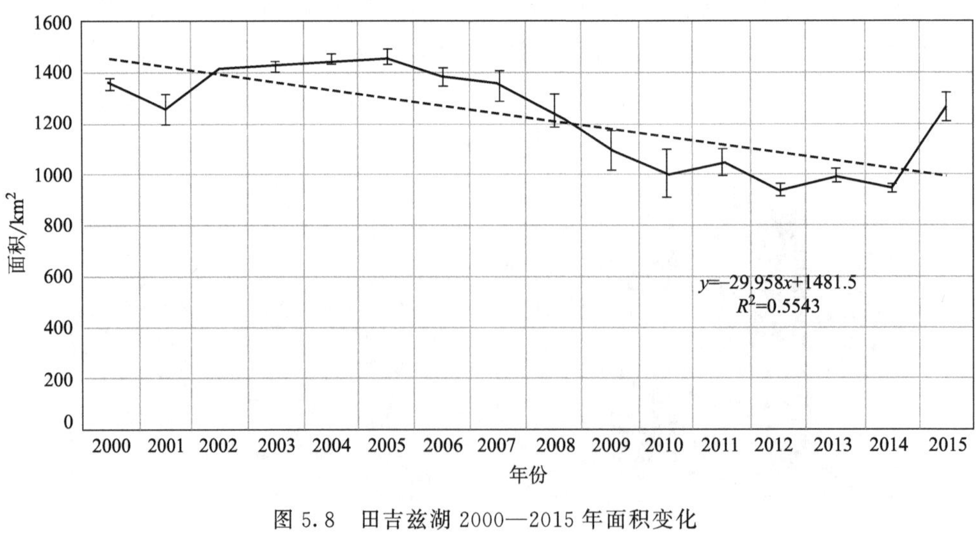

图 5.8 田吉兹湖 2000—2015 年面积变化

图 5.9 为田吉兹湖水体覆盖次数空间分布。春季湖泊面积较大，夏季湖泊面积最小，年内 4—10 月湖泊面积呈减少趋势。图 5.10 为该湖泊面积月际变化趋势，4—10 月均呈现减少趋势，且通过了 0.05 的显著性检验。5 月线性减小趋势最为显著，减少率为 32.80 km^2/a(Klein et al.,2014)。

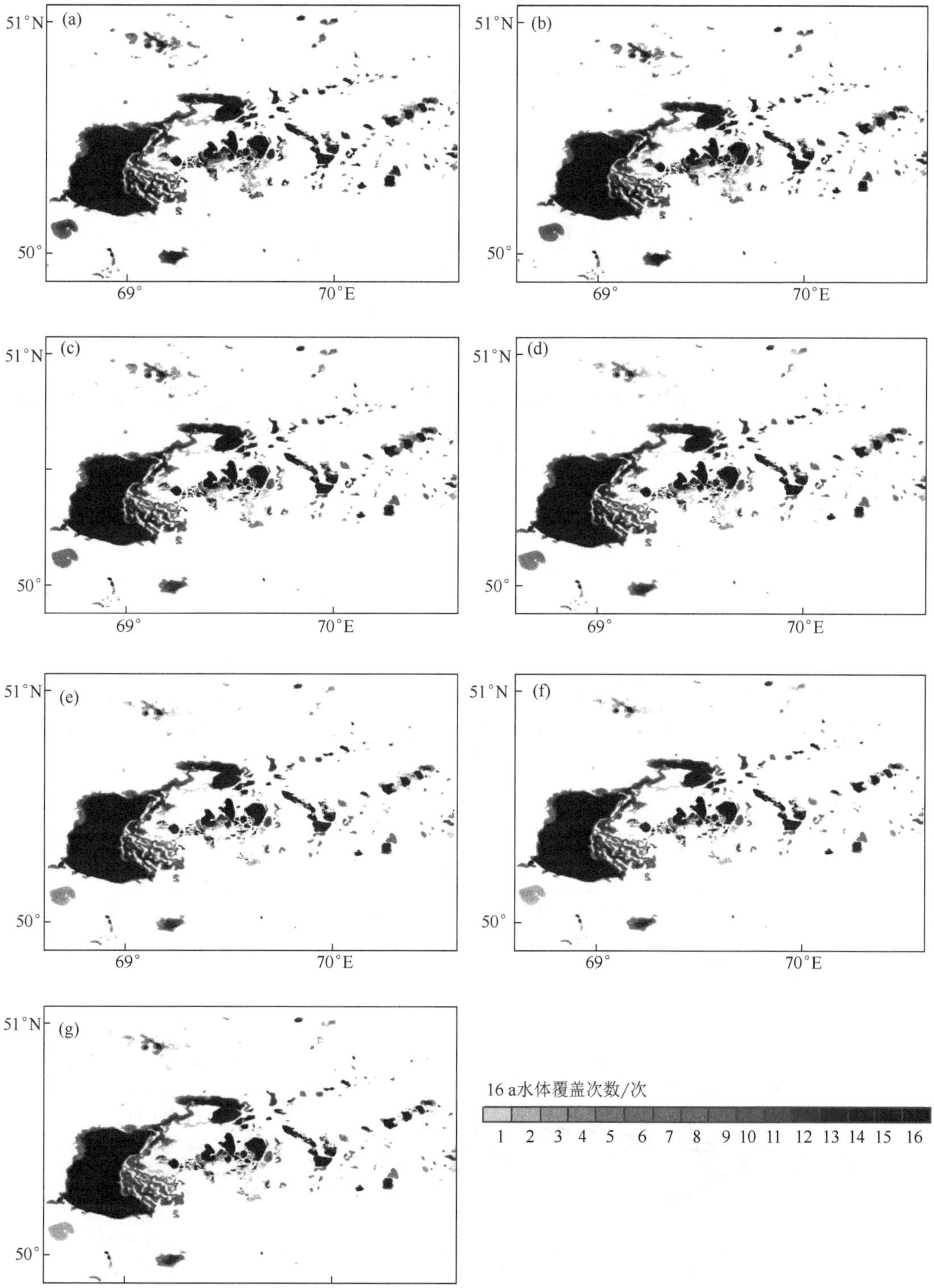

图 5.9　田吉兹湖 2000—2015 年水体覆盖次数空间分布(附彩图)

(a)4 月;(b)5 月;(c)6 月;(d)7 月;(e)8 月;(f)9 月;(g)10 月

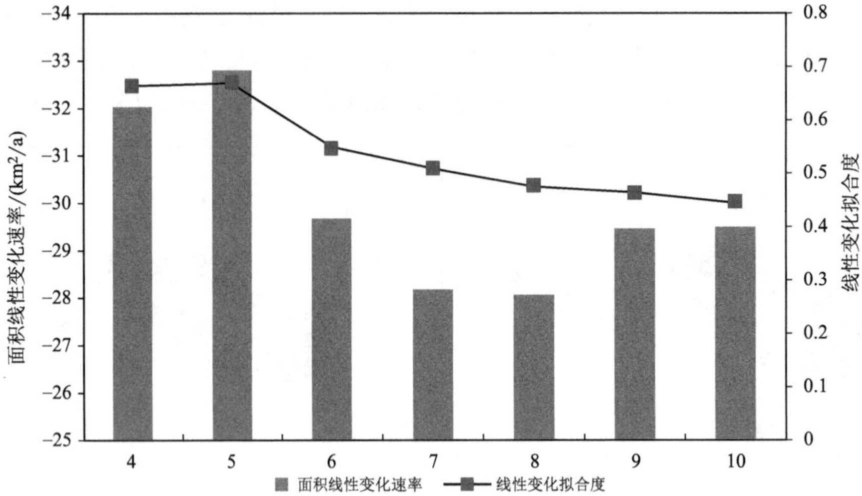

图 5.10　田吉兹湖面积月际变化

由于中亚干旱区站点稀少，本节利用美国特拉华大学结合站点数据制作的全球降雨和气温数据，分析田吉兹湖区的气候变化。该数据集空间分辨率为 0.5°×0.5°，时间分辨率为逐月的 1901—2014 年数据，数据下载地址为：https://www.esrl.noaa.gov/psd/data/gridded。图 5.11 为该湖泊区域 2000—2014 年累积降雨量和夏季气温的年际变化，年降雨量整体有下降

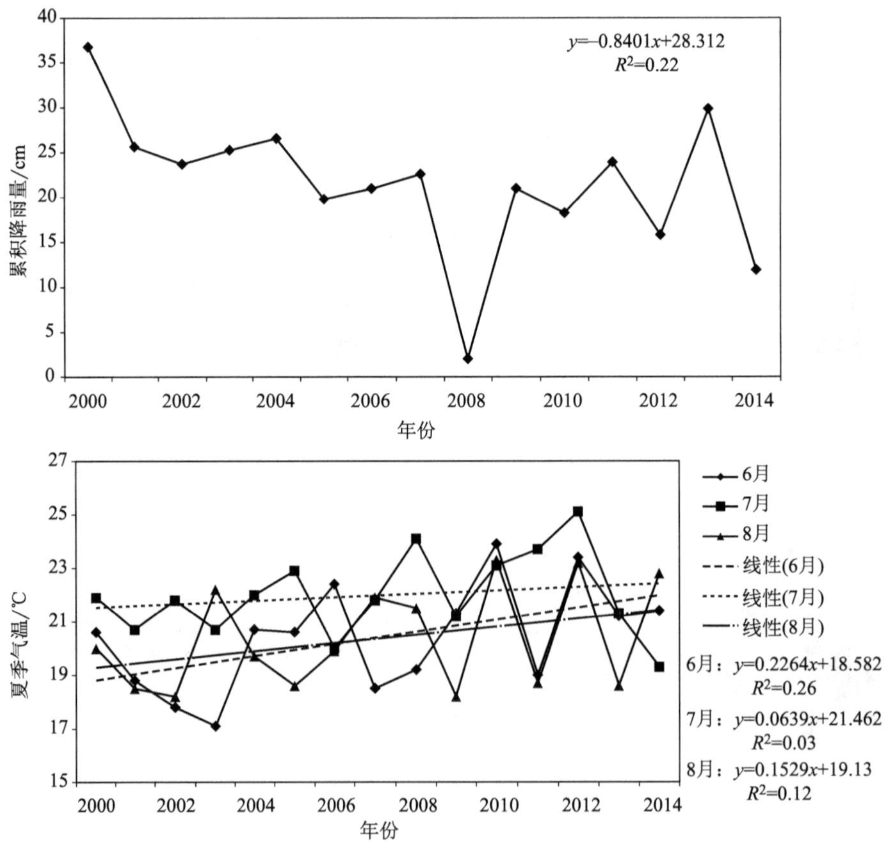

图 5.11　田吉兹湖 2000—2014 年累积降雨量和夏季气温年际变化

趋势，平均每年减少 8 mm，2008 年为最干旱年份，因此湖泊面积 2006—2009 年缩减最为剧烈。夏季气温呈现增长趋势，平均每年增长约为 1.4 ℃。该湖泊面积的减少是由于降水减少，日益干燥，且夏季气温明显增高使得蒸发量变大。中亚干旱区气温的增加相比全球气温增高要明显高 1.2～2.1 ℃。由于蒸发主要依赖于温度，较高的气温又使得蒸发量增大，两者存在明显的正相关关系，特别是在塔吉克斯坦北部区域。

除了夏季气温增高，蒸发增加使得田吉兹湖处于收缩状态外，融雪作为田吉兹湖及其周围邻近小型湖泊主要的补给，也是影响湖泊变化的主要因素之一。图 5.12 为田吉兹湖流域 2000—2014 年冬季月份(11 月—次年 4 月)雪水当量(Snow Water Equivalent，SWE)的变化趋势，该数据描述的是冰雪覆盖融化后相当的水量值，是由欧洲空间局(ESA)全球雪覆盖项目支持生成，覆盖了北半球雪要素：雪范围(SE)和雪水当量(SWE)，时间尺度分别为 17 a 和 34 a。其中 SWE 是被动微波和地面气象观测融合而成，时间覆盖为 1979—2016 年日尺度，空间分辨率是 25 km，全球覆盖 35°—85°N。由图 5.12 可知，该流域雪覆盖主要集中在 1—3 月，雪水当量呈现微弱的减小趋势，该趋势与对中亚干旱区东北部降雨量分析一致(减小趋势)。田吉兹湖 4—5 月(春季)湖面减少速率相比其他月份较大(图 5.10)，表明融雪减少可能是湖面春季萎缩明显的主导因素。

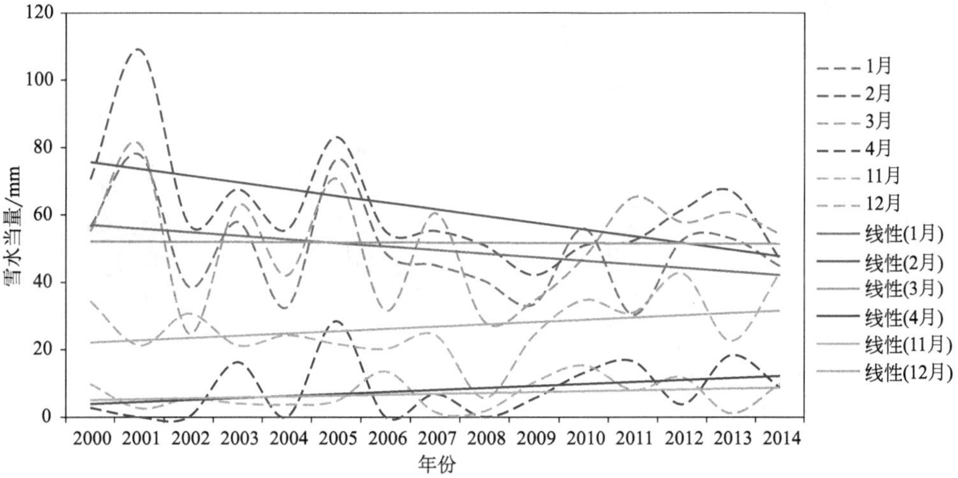

图 5.12　田吉兹湖 2000—2014 年冬季月份雪水当量变化(附彩图)

5.2　青藏高原典型湖泊分析

5.2.1　黄河源区星星海及周围湖泊

星星海及其周围湖泊位于青海省玛多县，是黄河源头最大的水源涵养区。但人类活动增多、气候变暖、冰川和雪山逐年退缩导致湖泊、湿地面积逐年缩小，水位不断下降，草原沙漠化日趋严重，水源涵养能力急剧减退，植被与湿地生态系统破坏，黄河源头多次出现断流，影响了当地社会经济的发展和人民生产、生活的安全。因此，黄河源区的湖泊变化遥感监测显得尤为重要。玛多县内最大的扎陵湖和鄂陵湖是外流湖，其面积变化比较小。随着气温上升和水位下降，星星海和其他湖泊现在与黄河已没有联系，成为内陆湖泊，湖泊面积变化比较大，因此利用提取的长时间水体结果，分析星星海及其周围湖泊的水体变化情况。

图 5.13 为四个湖泊 2000—2015 年水体覆盖次数空间分布，星星海、阿涌吾尔玛错大多为稳定水体，龙日阿错整个湖泊和阿涌该马错北部具有较大的波动性。图 5.14 为四个湖泊年内 6—9 月湖泊面积在 2000—2015 年的变化，四个湖泊的面积其年际变化分为两个阶段，2004 年之前呈现减小趋势，其后均呈增长趋势。王根绪等(2000)指出，20 世纪 70 年代以来，黄河源区生态环境退化严重(草甸草场持续退化、土地荒漠化持续发展)，使得湖泊水域不断萎缩，这与四个湖泊在 2000—2004 年水面减少趋势一致。2003 年以来，黄河源区先后开始推行退牧还草和三江源生态保护工程，通过移民搬迁、禁牧封育、人工增雨和以草定畜等一系列工程项目的实施，黄河源区的生态逐步恢复，使得曾经消失的湖泊逐渐重现，河流湖泊水量逐渐增加，与湖泊整体年际上在 2004 年以后呈现增长趋势相符。

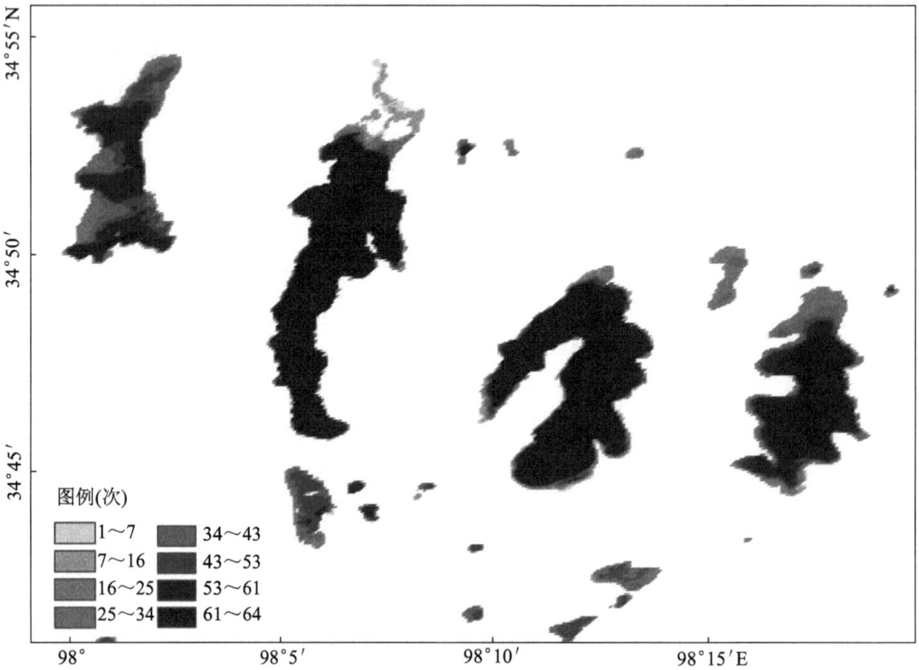

图 5.13　四个湖泊 2000—2015 年水体覆盖次数空间分布(附彩图)
(从左向右依次为龙日阿错、星星海、阿涌吾尔玛错和阿涌该马错)

龙日阿错年际线性增长趋势最为明显，拟合度高达 0.84，阿涌该马错次之，其拟合度约为 0.52，均达到了 0.05 的显著性水平。星星海和阿涌吾尔玛错水体比较稳定，没有明显的年际特征。2000—2015 年，龙日阿错最大湖泊面积为 18.778 km^2，平均湖泊面积为 12.833 km^2，最小湖泊面积为 3.418 km^2，年增长速率约为 1.15 km^2/a，2000—2009 年处于波动增长状态，且年内变化比较剧烈，特别是在 2007 年 1—5 月几乎处于干涸状态，如图 5.15 所示，这可能与同时期开发利用这里的盐矿有直接的关系，而 2010 年以后年内水体波动较小。整体上 MODIS 尺度提取的水体和 Landsat 尺度水体趋势一致，但有明显的低估现象，且 Landsat 尺度能够解析更多的水体波动情况。星星海 2011 年水面最大，其湖泊面积为 31.31 km^2，2005 年水

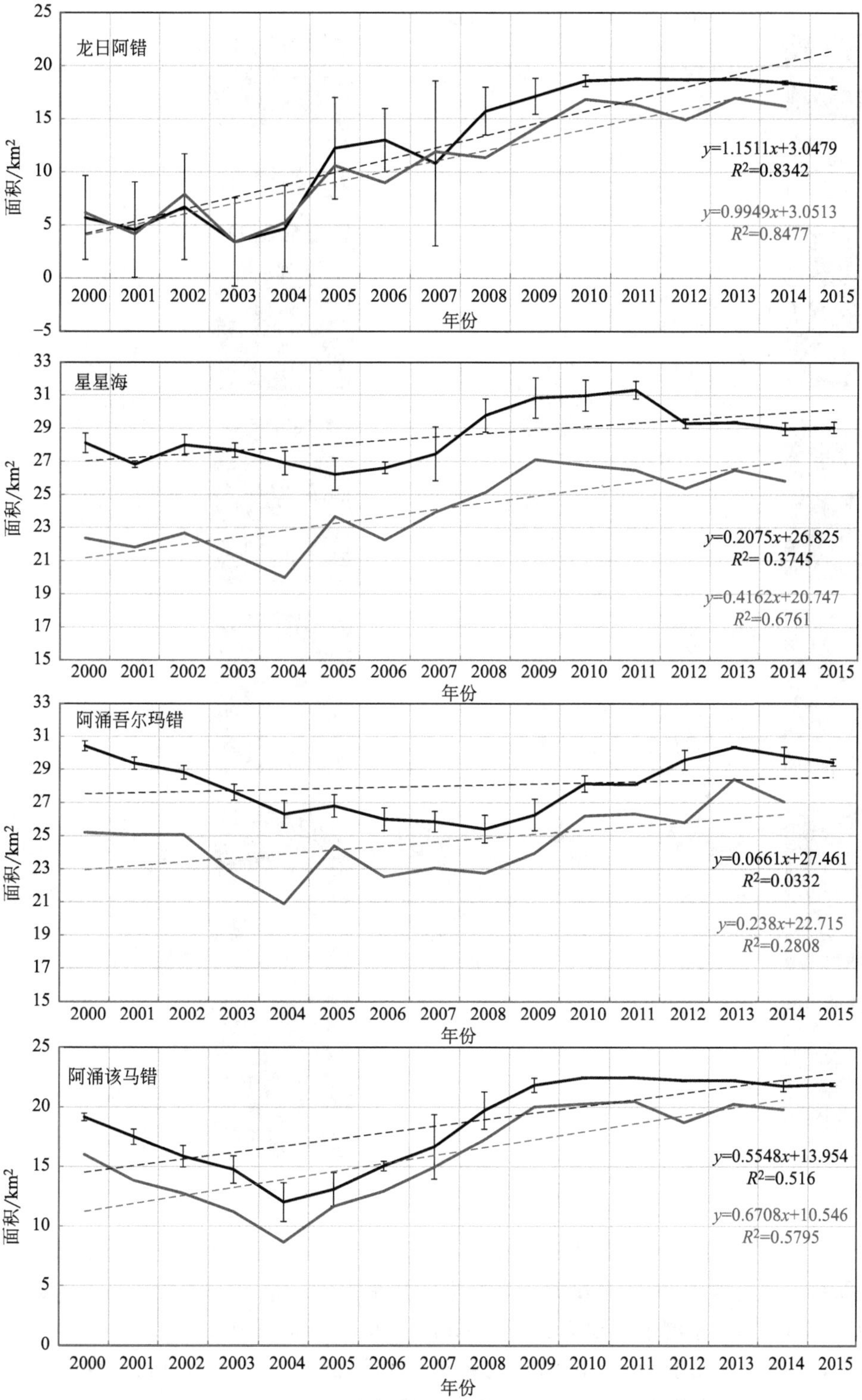

图 5.14 四个湖泊 2000—2015 年 6—9 月面积年际变化趋势(黑实线为湖泊面积;黑虚线为其线性趋势;误差线I为湖泊面积年内标准差;灰实线为 MODIS 250 m 湖泊面积;灰虚线为其线性趋势)(Che et al. ,2017)

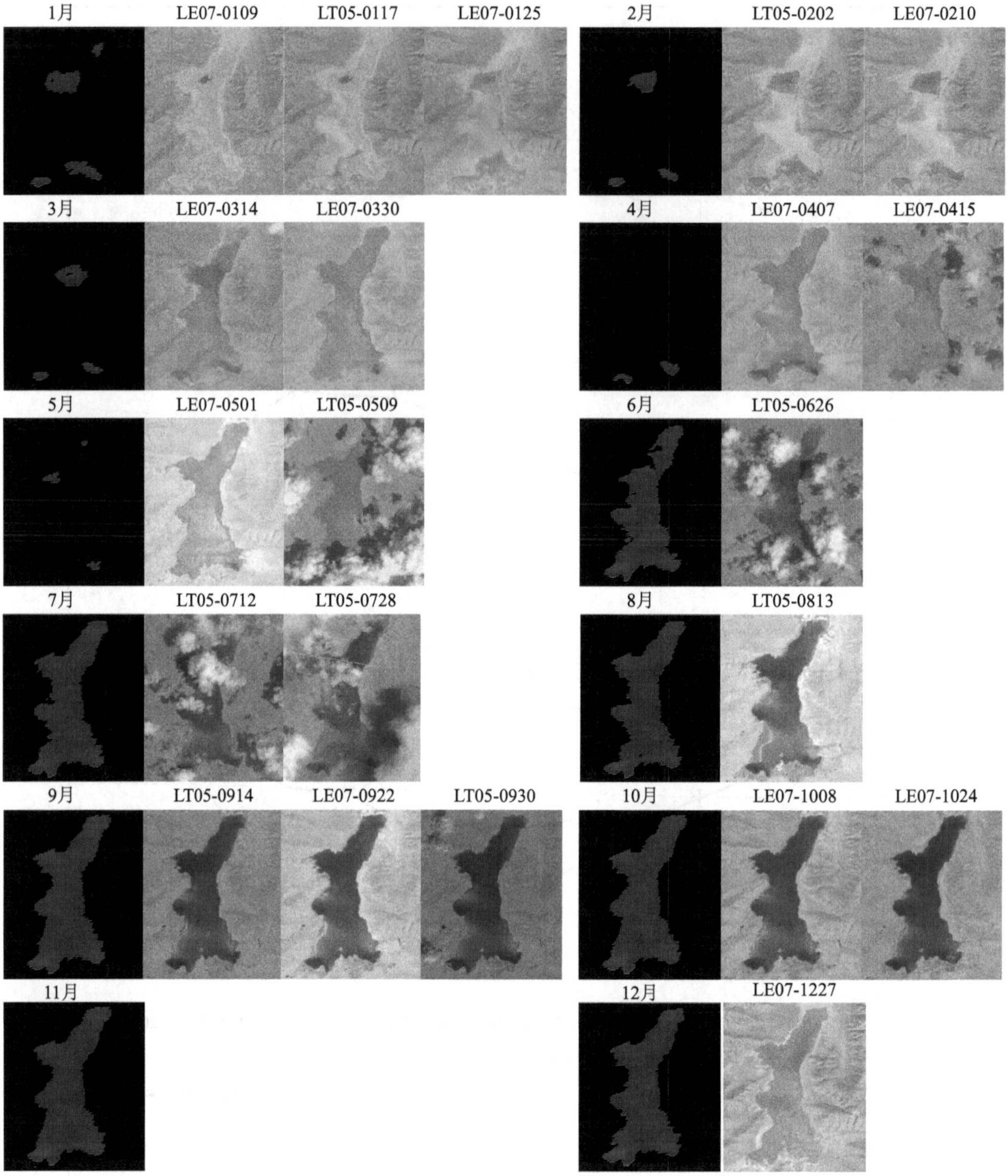

图 5.15　龙日阿错 2007 年湖面空间分布及其可用影像

面面积最小(26.228 km^2),平均水面面积为 28.588 km^2,没有明显的增长趋势,该湖 MODIS 尺度提取结果误差较大,使得星星海年增长速率几乎扩大一倍。阿涌吾尔玛错的最大湖泊面积为 30.581 km^2,最小湖泊面积为 25.417 km^2,平均湖泊面积为 28.023 km^2,2000—2015 年变化缓慢,年增长率几乎为 0。阿涌该马错最大湖泊面积为 22.476 km^2,最小湖泊面积为 12.016 km^2,年增长率约为 0.55 km^2/a,该湖的变化趋势在 MODIS 和 Landsat 尺度上几乎一致,但仍然明显地低估了湖泊面积。

图 5.16 为四个湖泊 2000—2015 年水体覆盖次数空间分布,龙日阿错 6—9 月水面覆盖度明显增加,其余三个湖泊的月际波动在空间分布上差异不明显。由表 5.1 可知,在月际上,每

一个湖泊 6—9 月面积均呈增长趋势（slope 均大于 0），除阿涌吾尔玛错外，其余的三个湖泊整体上 6—9 月湖泊面积逐渐增加。龙日阿错月际上增长趋势最为明显，其中 6 月湖泊 2000—2015 年增长最快，且 6—9 月增长趋势较少。阿涌该马错次之，阿涌吾尔玛错水体面积最为稳定，湖面月增长趋势未通过 0.05 的显著性检验，6—9 月均无明显的年际变化。尽管该区域四个湖泊在同一个流域，但年际或月际变化均不一致，这可能与该四个湖泊的湖盆较浅、面积较小有关（孙芳蒂 等，2014）。

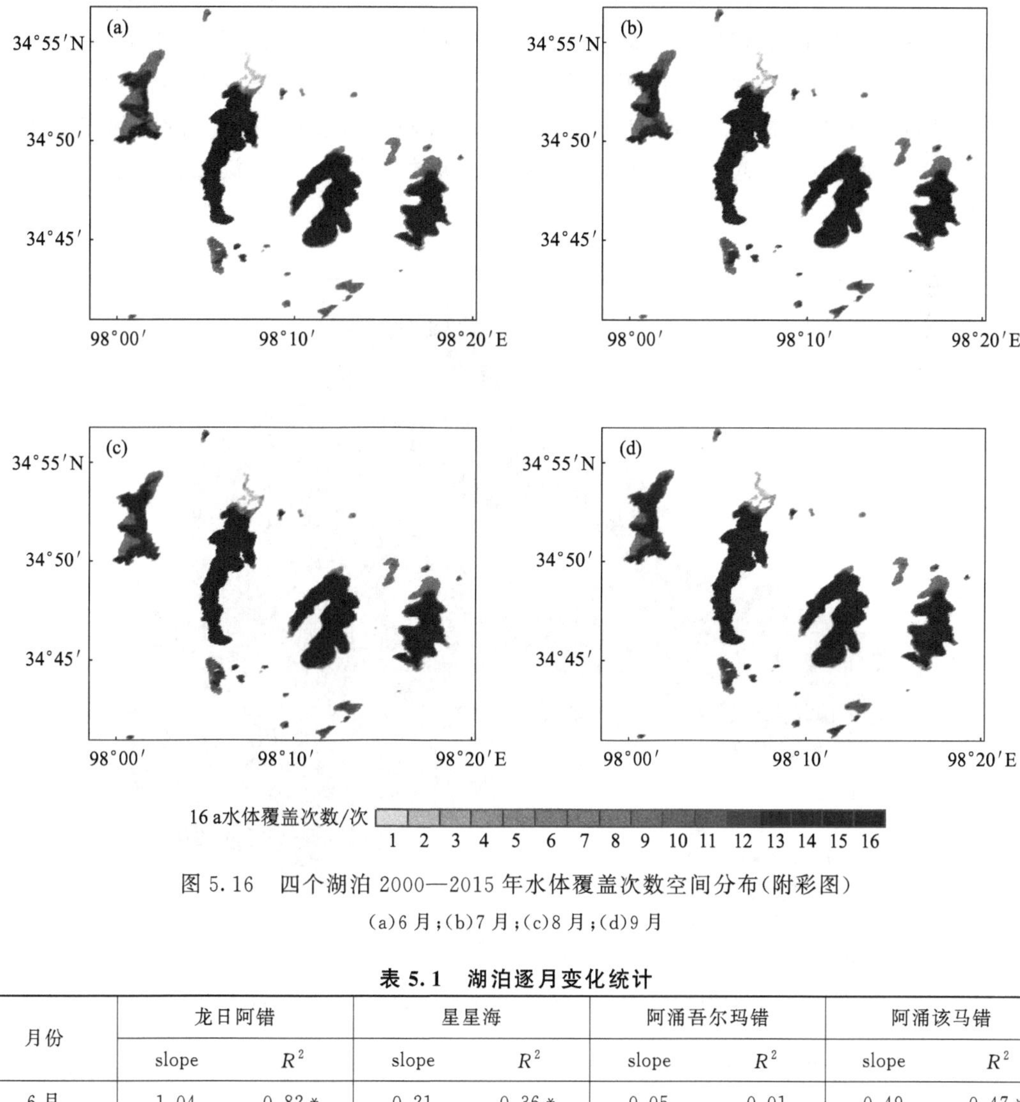

图 5.16　四个湖泊 2000—2015 年水体覆盖次数空间分布（附彩图）

(a)6 月；(b)7 月；(c)8 月；(d)9 月

表 5.1　湖泊逐月变化统计

月份	龙日阿错		星星海		阿涌吾尔玛错		阿涌该马错	
	slope	R^2	slope	R^2	slope	R^2	slope	R^2
6 月	1.04	0.82 *	0.21	0.36 *	0.05	0.01	0.49	0.47 *
7 月	0.93	0.71 *	0.19	0.34 *	0.07	0.03	0.51	0.53 *
8 月	0.71	0.53 *	0.19	0.31 *	0.07	0.03	0.50	0.52 *
9 月	0.66	0.59 *	0.20	0.31 *	0.08	0.04	0.49	0.50 *

注：slope 为年变化速率（km^2/a）；* 表示通过 0.05 的显著性检验。

5.2.2 兹格塘错

兹格塘错(90°44′—90°57′E,32°00′—32°09′N)位于青藏高原中部,唐古拉山南坡东巧盆地境内。兹格塘错是一个封闭性湖泊,湖面海拔为 4560 m,流域面积为 3430 km^2,有多条流量不大的入流河流。已有研究大多侧重于高原上受到冰川融水补给的湖泊面积的变化,反映了全球气候变化下冰川与湖泊的相互影响问题。本节选择兹格塘错作为研究对象,研究青藏高原中部没有冰川地区全球变暖背景下湖面波动及与气候的关系。兹格塘错入流河流主要靠大气降水和泉水补给,流域几乎无现代冰川。兹格塘错西南侧尽管有泉水分布,但流量不大,对兹格塘错水体积变化的贡献甚微。该湖泊由于受人类活动影响较少,且不受现代冰川融水的影响,湖面的变化可以用来反映全球变暖背景下的区域气候变化。图 5.17 为兹格塘错湖泊 2000—2015 年水体覆盖次数空间分布,该湖泊比较稳定,没有发生巨大的空间变化。

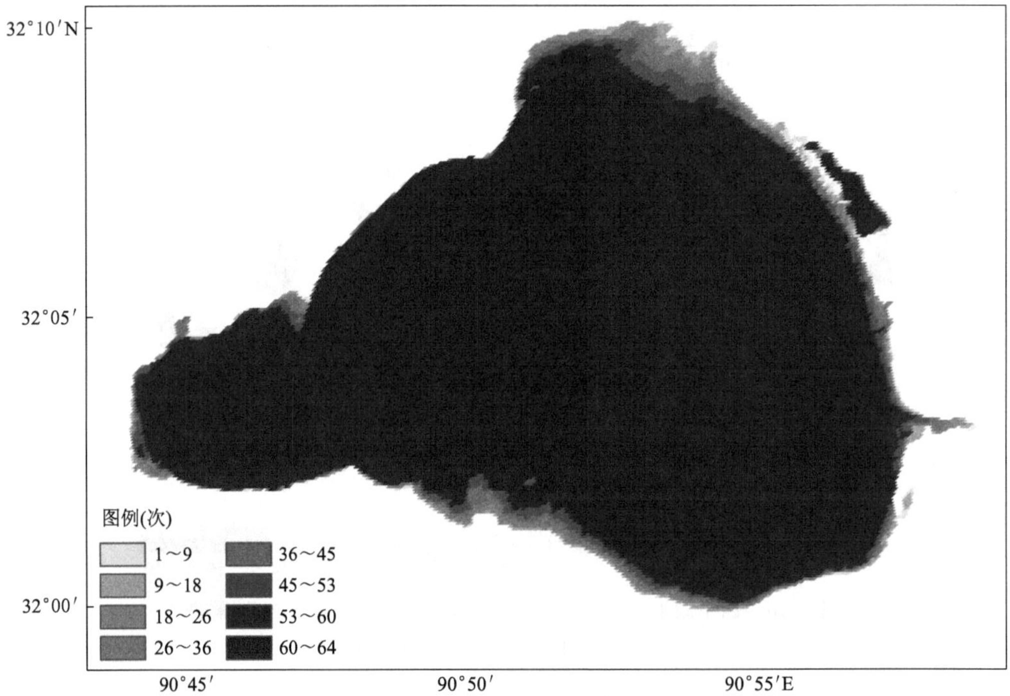

图 5.17 兹格塘错湖泊 2000—2015 年水体覆盖次数空间分布(附彩图)

图 5.18 显示兹格塘错湖泊面积在过去 16 a 总体呈现扩张趋势。2000—2015 年兹格塘错最大湖泊面积为 243.27 km^2,最小湖泊面积为 216.36 km^2,平均湖泊面积为 233.27 km^2。每年平均湖泊面积具有明显的线性扩张趋势,R^2 达到 0.93,年增长率为 1.82 km^2/a。类延斌等(2009)利用 1970 年的地形图、1977 年的 MSS 影像、1992 年的 TM 影像和 2001 年的 ETM+影像提取湖泊面积,结果显示,过去 30 a 湖泊有逐渐增大的趋势。图 5.19 为兹格塘错安多气象站点 2000—2013 年温度、蒸发和降水变化趋势,可以看出,该地区的年平均温度呈增加趋势,随着温度的升高,蒸发量也相应呈现增长趋势,但降水量在 2000 年以后整体呈现减少趋势,因此决定该地区湖泊面积变化的直接因素是湖区降水量和蒸发量的相对多少。该地区

2000 年后湖泊面积和 2000 年前一样，仍然存在明显的增长趋势。因此，尽管年降水量有减弱的趋势，但降水量产生的补给能够平衡蒸发量的增加使得湖泊呈现扩张趋势，且降水量和蒸发量在 2013 年达到平衡。

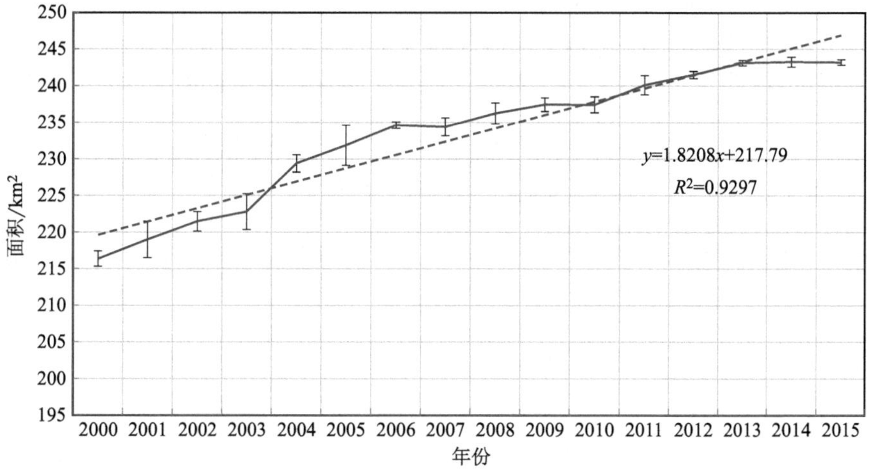

图 5.18　兹格塘错 2000—2015 年湖泊面积变化

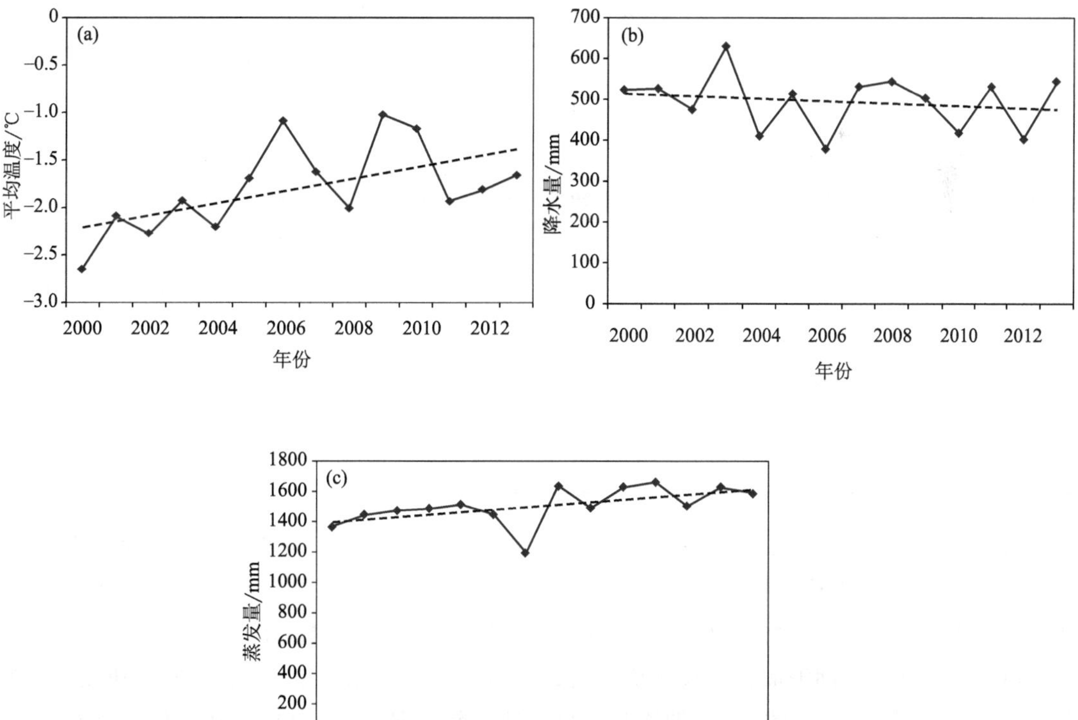

图 5.19　兹格塘错安多气象站点 2000—2013 年平均温度(a)、降水量(b)和蒸发量(c)变化

相比其他年份,2001、2003 和 2005 年该湖泊波动比较大。表 5.2 为兹格塘错流域 2000—2013 年月降水量和蒸发量,通过计算 5—9 月降水量和蒸发量的波动情况(标准差),2007 年降水量波动最剧烈(78.74 mm),蒸发量波动最为剧烈的为 2013 年。尽管 2001 年、2003 年和 2005 年降水量和蒸发量波动均不是最明显,但该三年的降水量和蒸发量波动的比值最大,表明降水的波动比蒸发明显。所以,2001 年、2003 年和 2005 年湖泊面积年内波动主要是由于降水波动比较剧烈,但其 5—9 月蒸发比较稳定,使得非雨季湖泊面积更小、雨季面积更大。

表 5.2　兹格塘错流域 2000—2013 年月降水量和蒸发量　　单位:mm

年份	5月		6月		7月		8月		9月		蒸发波动	降水波动	降水量与蒸发量之间的标准差
	蒸发量	降水量	蒸发量	降水量	蒸发量	降水量	蒸发量	降水量	蒸发量	降水量			
2000	177.6	36.8	168.7	153.0	160.8	91.8	126.3	113.6	96.9	94.0	33.66	42.04	1.25
2001	153.2	51.1	130.0	140.2	175.2	90.8	137.8	148.6	122.9	62.8	20.84	44.24	2.12
2002	188.8	27.2	147.4	102.0	137.5	140.5	168.6	53.1	87.2	119.0	38.32	46.98	1.23
2003	142.6	40.2	146.9	149.3	154.8	132.7	149.1	167.5	119.3	114.2	13.72	49.18	3.59
2004	227.1	33.1	151.3	88.4	156.3	106.9	121.2	115.3	148.8	13.3	39.43	45.60	1.15
2005	147.9	21.8	170.4	84.8	138.4	143.6	139.4	149.5	139.7	62.5	13.54	54.36	4.01
2006	—	33.8	—	34.9	194.8	84.5	183.4	106.7	133.1	83.4	32.83	32.67	0.99
2007	218.7	17.9	213.8	50.8	170.6	168.2	141.5	200.3	119.8	69.4	43.53	78.74	1.81
2008	164.7	44.1	189.8	117.4	168.8	177.7	145.6	93.9	103.8	74.1	32.42	50.40	1.55
2009	132.7	74.4	196.4	48.4	177.8	150.8	161.1	140.1	150.9	47.3	24.49	49.95	2.04
2010	189.7	41.3	208.6	67.7	174.0	93.3	177.6	123.1	125.6	75.0	30.79	30.458	0.99
2011	181.0	47.7	142.1	131.0	154.9	142.5	177.6	91.0	129.4	85.3	22.30	38.07	1.71
2012	188.0	16.3	218.0	85.8	158.7	150.2	160.1	68.3	157.0	48.3	26.53	49.19	1.88
2013	167.7	72.6	230.1	54.1	183.6	198.2	207.2	57.8	108.0	109.3	46.36	59.91	1.29
变化率/(mm/a)	0.30	1.17	5.43	−5.01	1.29	4.80	3.85	−3.35	1.83	−0.76			

图 5.20 为兹格塘错 2000—2015 年 6—9 月水体覆盖次数空间分布。兹格塘错整体 6—9 月波动不大,主要在兹格塘错北部,6—7 月水体频率小的像元相比 7—8 月偏多,表明 6—7 月该区域水体波动较大。兹格塘错 6—9 月湖泊面积均具有明显的线性增长趋势,每月的线性拟合度均大于 0.9,6 月湖泊面积增长最快,增长速度约为 1.92 km^2/a,7—9 月增长速度依次减少(图 5.21)。从表 5.2 可知,6 月湖泊蒸发量呈现比较明显的增长趋势,降水量明显减少,但 5 月降水量产生的补给仍然使得 6 月湖泊呈增长趋势,表明兹格塘错在年际和月际,降水量均是兹格塘错湖面变化的主导因子。高原中部的纳木错和色林错也具有相似的变化趋势(武慧智 等,2007),由于两个湖泊相对而言面积较大,反映了较大流域面积上蒸发与降水对湖水水位的影响,代表了高原中部湖泊面积自 1970 年普遍增加的趋势。

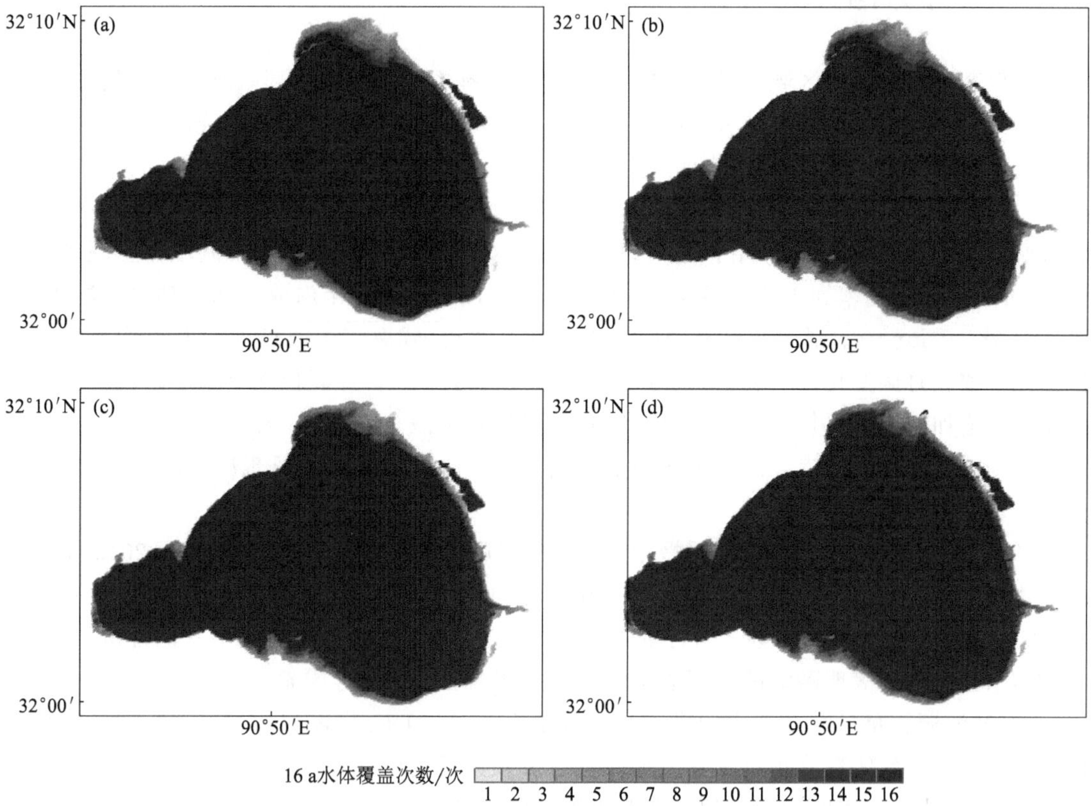

图 5.20　兹格塘错 2000—2015 年水体覆盖次数空间分布(附彩图)

(a)6 月;(b)7 月;(c)8 月;(d)9 月

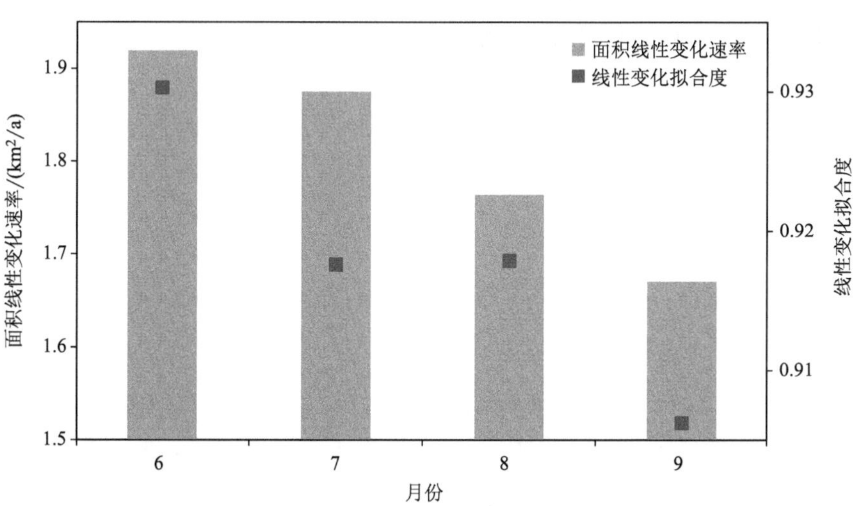

图 5.21　兹格塘错湖泊面积逐月变化

5.3 本章小结

为探究湖泊变化和区域气候环境的关系，本章选择中亚干旱区中部咸海、北部田吉兹湖和青藏高原黄河源区星星海流域和青藏高原中部不受现代冰川影响的兹格塘错为研究对象，通过和气象资料做相关分析，结果表明：

(1)2000—2015 年，咸海面积明显萎缩，减少速率为 1129 km^2/a。2014 年咸海面积最小，北咸海呈现稳定的增长趋势，增长速率约为 38.43 km^2/a，南咸海东西两个流域均呈现减少趋势，西部流域减少速率为 186.39 km^2/a，东部流域湖泊面积无论年内或年际波动最为剧烈，减少率为 981.1 km^2/a。通过与已有的咸海水位数据对比，咸海三个流域湖泊面积均与湖泊水位变化一致。月际变化分析表明，咸海 4—5 月面积较大，6—9 月面积逐渐减小，气温升高、蒸散发剧烈增加，导致河川径流减少，使得进入湖泊的水量减少。此外，大面积的粮棉生产使得该区域湖泊剧烈缩减。南咸海的东西两个流域 4—10 月每个月份均呈现减少趋势，北咸海每个月份均呈现增长趋势。

(2)田吉兹湖 2000—2005 年缓慢增加，2005 年后湖泊面积逐渐减少，2000—2015 年整体减少速率为 29.958 km^2/a，受降水影响明显。春季湖泊面积较大，夏季湖泊面积最小，年内 4—10 月湖泊面积呈减少趋势。田吉兹湖 4—5 月(春季)湖面减少速率相比其他月份较大，该区域雪水当量分析表明融雪减少可能是湖面春季萎缩明显的主导因素。

(3)黄河源头星星海及其周边湖泊的变化趋势和 MODIS 尺度提取的结果一致，但 MODIS 尺度明显有低估湖泊面积现象。龙日阿错因人类活动变化比较剧烈，其余三个湖泊比较稳定，月际变化分析表明湖泊面积呈现微弱的增加趋势。

(4)青藏高原中部的兹格塘错 16 a 平均面积为 233.27 km^2，总体呈现明显的扩张趋势，年增长率为 1.82 km^2/a。兹格塘错 6—9 月湖泊面积均具有明显的线性增长趋势，每月的线性拟合度均大于 0.9，6 月湖泊面积增长最快，增长速率约为 1.92 km^2/a。通过分析该流域蒸发和降水量的变化，年际和月际变化均受降水影响比较显著。

第 6 章　总结与展望

6.1　总结

瞄准湖泊的复杂时空变化特征以及开展精确监测的挑战，本书研究了利用多源卫星遥感数据提取湖泊范围、监测湖泊变化的方法体系，并在亚洲中部的两大典型区开展了应用研究，探讨了中亚干旱区和青藏高原的湖泊分布和面积密度特征，分析了 2000—2015 年两个区域的湖泊变化过程和趋势。主要研究工作如下：

(1)粗空间分辨率卫星遥感数据(如 MODIS)因覆盖范围大，逐日时间分辨率等特点，是大范围较大水体动态变化研究的重要数据源。然而，全球尺度上，小水体比例高，并且在水文生态环境中起着重要的作用。因此，本书首先开展了青藏高原地区 MODIS 尺度小型水体提取的研究。

MODIS 遥感影像由于宽扫描视场会使得相同的地物反射率存在差异(BRDF 效应)，首先通过 MODIS BRDF 核驱动模型对 MODIS 数据进行校正，减少反射率异向性影响，对比发现 BRDF 效应使得水体边界提取结果不稳定。此外，粗空间分辨率使得在小水体上存在较多的混合像元，为了减少混合像元，提高小型水体提取精度，基于已有的降尺度理论，本书对已有的修正自适应回归降尺度方法(MAR)进行改进，然后提取水体。降尺度水体提取结果评价表明 IMAR 降尺度方法能够提高小水体的空间监测精度，但降尺度后的 MODIS 空间分辨率对于小水体或其他类型水体(如河流)的监测仍然存在局限。

(2)针对粗空间分辨率水体提取的局限，继而着重开展了中高空间分辨率(Landsat)水体提取研究，构建了湖泊提取的方法体系。结合影像的波谱特征、地形数据(高程和坡度)和其他相关参考信息，通过自动分层加权采样和决策树算法对每一景 Landsat 影像自适应地进行水体提取，然后采用分层随机采样对水体提取结果进行了全面验证。其中，夏季提取精度最好，在冬季有部分冰雪错分现象。

湖泊时空变化复杂，并且观测卫星由于天气状况的影响，有时难以获取一个完整湖泊影像数据。为了充分利用已有的观测数据进行湖泊长时间序列变化分析，通过每个像元已有的时间序列观测，依据相邻观测的时间差，逐像元地将提取的水体数据综合到月尺度，对水体提取方法验证点进行交叉验证，结果表明时间序列插值在水体变化分析中的可行性。利用计算机高性能数据存储和处理能力，对研究区 2000—2015 年过滤的 Landsat 影像(约 25 T)进行水体时空分布制图，为研究区湖泊变化分析提供了数据基础。

(3)湖泊变化能有效地指示气候变化和人类活动强度。因此，为了长时间、精细化地分析湖泊动态变化，本书基于 Landsat 尺度水体时空分布数据，以 HydroLAKES 为湖泊种子点数据库，通过水体扩张算法提取研究区湖泊时空分布范围。从湖泊数量、面积和分布变化对中亚干旱区和青藏高原地区湖泊变化特征进行分析对比，并对若干典型湖泊从年际变化和月际变化两方面进行了重点分析，从区域气候变化和人类活动的角度探究了湖泊面积变化驱动力，主要结论如下：

① 中亚干旱区和青藏高原的湖泊数量均和湖泊面积呈幂指数关系，与全球尺度湖泊数量和湖泊面积分布关系类似。但中亚干旱区湖泊数量密度呈现两头大中间小的分布，而青藏高原地区中型湖泊的密度远高于中亚干旱区。中亚干旱区湖泊数量减少速率约为 85 个/a，青藏高原减少速率为 4 个/a。此外，中亚干旱区湖泊数量波动剧烈(6.89%)，而青藏高原地区仅为 0.14%。

② 中亚干旱区湖泊面积缩减整体上要比青藏高原湖泊增加更为显著，且年内波动剧烈。2000—2015 年，中亚干旱区湖泊总面积呈明显减少趋势，减少速率约为 1146 km^2/a，减少率为 1.2%/a。而青藏高原呈现明显的增加趋势，增加速率约为 356.86 km^2/a，增加率为 0.72%/a。中亚干旱区 76.63%的湖泊呈缩减状态，且主要为小型湖泊，变化率主要在－10%～－1%波动，主要分布在哈萨克斯坦大草原西部和哈萨克斯坦半沙漠地带，扩张湖泊主要分布在哈萨克斯坦大草原东部区域以及中亚干旱区中部的中亚河岸林地。青藏高原湖泊约一半湖泊扩张，主要集中在中部青藏高原的高山草原和灌木林地，变化率主要在 1%～10%，缩减湖泊主要集中在西藏南部区域。

③ 典型湖泊分析表明，典型湖泊所在区域气候变化和人类活动有明显差异。2000—2015 年，中亚干旱区典型湖泊所在区域整体上 4—10 月年际面积均呈现减少趋势，且 4—5 月减少最为显著，融雪减少是湖泊面积减少的主要因素且人类活动影响显著。而青藏高原地区典型湖泊 6—9 月年际变化均呈增加趋势，6 月增长明显，通过和气候因素(气温、降水和蒸发量)相关分析，表明该区域年变化和 6—9 月年际变化均受降水影响比较明显。

6.2 创新点

本书针对大区域、精细化、长时间序列湖泊时空变化分析的研究，主要创新点如下：

(1)粗分辨率数据(MODIS)小型水体提取研究中，为提升空间分辨率，提高水体提取精度，通过逐像元建立活动窗口和基于高斯模型的点传播函数减小残差来建立降尺度关系，和以往固定分块降尺度方法相比，更精准地建立了地物反射率降尺度关系，使得降尺度结果更加有效地提取水体。

(2)研究区内水体较多，和以往简单地选取若干湖泊通过人工解译进行精度验证不同，本书针对水体时空波动特征，采用自动分层加权采样空间，对大区域、长时间序列水体进行了全面验证。

(3)Landsat 尺度已有研究大多选择晴空无云等质量比较好的数据来分析水体变化，一方面不能充分利用已有的观测数据，并且影像获取时间的差异使得长时间对比分析存在偏差。本书针对云、云阴影、山体阴影等对水体提取的影响(覆盖部分水体)，尽可能使用已有的 Landsat 系列卫星数据，通过时间序列分析来准确地刻画水体动态变化。

(4)获得了亚洲中部地区 2000—2015 年 4—10 月 90 m 空间分辨率的湖泊时空分布数据，对比分析了中亚干旱区和青藏高原地区湖泊变化特征的差异，为以后研究湖泊变化的工作提供一个参考。

6.3　研究展望

本书围绕湖泊的时空变化特点，研究构建了水体提取和时空分析的方法体系，并结合多源卫星遥感数据，在亚洲中部地区开展了大范围、高精度、长时间序列的湖泊变化分析。以此为基础，在未来工作中尚需进一步在以下方面深入研究和完善。

（1）进一步提高卫星观测数据的水体识别能力，特别是与水体波谱特征接近的异物同谱地物，如阴影和冰雪等。本书尽管结合了地形数据和冰雪波谱指数等辅助数据来提高阴影和冰雪的识别，但仍存在一定的局限。此外，水体受自然和人类影响，使得水深、叶绿素浓度、悬浮物和水体有机质含量等差异明显，也给水体提取方法带来了挑战和不确定性，如何综合更多的传感器数据来消除干扰，提高水体提取方法的稳健性是未来需要进一步研究的内容。

（2）根据统计发现，研究区乃至全球陆地上都存在数量众多的小面积水体以及河流等，且具有重要的生态环境价值。未来有必要进一步考虑结合高分辨率的卫星遥感数据，甚至是商业卫星数据，对小面积水体进行识别和监测。目前已有很多高分辨率卫星数据，如国外的 GeoEye-1、QuickBird 等和国产卫星 GF1-4、资源三号（ZY3）和北京二号（BJ2）等影像数据。因此，有效地融合这些高分辨率卫星数据有利于小面积水体识别，尚需要进一步的试验和研究。

（3）本书探讨了亚洲中部地区 2000—2015 年湖泊变化分析，未来需要进一步在其他区域乃至全球范围开展基于卫星遥感的湖泊研究。同时，有必要进一步研究更长时期的湖泊变化，有利于更准确地探讨长周期的湖泊变化，而 Landsat 的长期数据积累为此提供了数据支持。另外，近年来日益丰富的卫星观测，为提高观测的密度和速度都提供了基础，因此，如何充分利用这些卫星遥感观测，实现更准确的水体识别，以及实时的水体监测，不仅能够服务于生态、社会管理，也是灾害评估和响应的重要一环。

（4）本书对湖泊数量和面积做了时空格局分析，在揭示湖泊面积变化原因时，只是从人类活动或气候因素（气温和降雨等气象数据）等方面做了一定的分析。下一步有必要结合水文观测数据（径流量、水位、水深和含沙量等）、重力数据（ICESat 和 GRACE 等）、模型模拟数据等，更进一步地分析湖泊变化的驱动因素、影响程度和范围，以及研究成果的社会、生态效用。

参考文献

白洁，陈曦，李均力，等，2011. 1975—2007 年中亚干旱区内陆湖泊面积变化遥感分析[J]. 湖泊科学，23(1)：80-88.

蔡玉林，朱红春，杨丽，等，2008. 基于 SRTMDEM 的流域特征信息提取——以鄱阳湖流域为例[J]. 遥感信息(4)：15-17.

成晨，傅文学，胡召玲，等，2015. 基于遥感技术的近 30 年中亚地区主要湖泊变化[J]. 国土资源遥感，27(1)：146-152.

戴昌达，小光，伶俐，2004. 遥感图像应用处理与分析[M]. 北京：清华大学出版社.

邓铭江，龙爱华，章毅，等，2010. 中亚五国水资源及其开发利用评价[J]. 地球科学进展，25(12)：1347-1356.

丁莉东，吴昊，王长健，等，2006a. MODIS 图像湖泊水体信息的快速识别与制图[J]. 海洋测绘，26(6)：31-34.

丁莉东，吴昊，王长健，等，2006b. 基于谱间关系的 MODIS 遥感影像水体提取研究[J]. 测绘与空间地理信息，29(6)：25-27.

丁晓星，2014. 丝绸之路经济带的战略性与可行性分析——兼谈推动中国与中亚国家的全面合作[J]. 人民论坛·学术前沿(4)：71-78.

高志刚，刘伟，2015. "一带"背景下中国与中亚五国贸易潜力测算及前景展望[J]. 山东大学学报(哲学社会科学版)，1(5)：24-34.

郝建亭，杨武年，李玉霞，等，2008. 基于 FLAASH 的多光谱影像大气校正应用研究[J]. 遥感信息(1)：78-81.

胡汝骥，姜逢清，王亚俊，等，2014. 中亚(五国)干旱生态地理环境特征[J]. 干旱区研究，31(1)：1-12.

黄镇，李谢辉，2006. 基于 MODIS 数据的土地覆盖变化与气候因子敏感性分析研究[J]. 资源科学，28(3)：102-107.

江晖，2006. 水体信息自动提取遥感研究[D]. 北京：中国地质大学.

姜广甲，马荣华，段洪涛，2012. 太湖有色溶解有机物对水体总吸收贡献的遥感估算[J]. 湖泊科学，24(6)：914-922.

雷璇，杨一鹏，蒋卫国，等，2012. 基于 SPOT-VGT 数据的洞庭湖水体面积变化分析[J]. 水资源与水工程学报(5)：19-24.

类延斌，张虎才，王甡，等，2009. 青藏高原中部兹格塘错 1970 年来的湖面变化及原因初探[J]. 冰川冻土，31(1)：48-054.

李炳元，1995. 羌塘高原北部湖泊演化的初步探讨[A]//青藏高原形成演化、环境变迁与生态系统研究. 北京：科学出版社：261-266.

李德仁，2003. 论 21 世纪遥感与 GIS 的发展[J]. 武汉大学学报：信息科学版，28(2)：127-131.

李景刚，李纪人，黄诗峰，等，2009. Terra/MODIS 时间序列数据在湖泊水域面积动态监测中的应用研究——以洞庭湖地区为例[J]. 自然资源学报，24(5)：923-933.

李石华，王金亮，毕艳，等，2005. 遥感图像分类方法研究综述[J]. 国土资源遥感(2)：1-6.

刘德生，1986. 世界自然地理[M]. 北京：高等教育出版社.

刘建波，戴昌达，1996. TM 图像在大型水库库情监测管理中的应用[J]. 环境遥感，11(1)：54-58.

陆家驹，李士鸿，1992. TM 资料水体识别技术的改进[J]. 环境遥感，7(1)：17-23.

马荣华，杨桂山，段洪涛，等，2011. 中国湖泊的数量、面积与空间分布[J]. 中国科学：地球科学，41(3)：394-

401.

牛振国，张海英，王显威，等，2012. 1978—2008 年中国湿地类型变化[J]. 科学通报 . 57(16)：1400-1411.

裴圣愚，2012. 非洲萨赫勒地带民族问题研究[M]. 北京：中央民族大学出版社 .

申邵洪，谭德宝，陈蓓青，2008. 基于 KI 算法的多时相 ASAR 影像水面信息变化检测[J]. 长江科学院院报(2)：29-32，37.

沈骏翱，马梦婷，宋致远，等，2022. 基于深度学习语义分割模型的高分辨率遥感图像水体提取[J]. 自然资源遥感，34(4)：129-135.

施雅风，郑本兴，1995. 青藏高原中东部最大冰期时代高度与气候环境探讨[J]. 冰川冻土，17(2)：97-112.

孙芳蒂，赵圆圆，宫鹏，等，2014. 动态地表覆盖类型遥感监测：中国主要湖泊面积 2000—2010 年间逐旬时间尺度消长[J]. 科学通报，59(4-5)：397-411.

唐伶俐，李传荣，1998. 雷达卫星在 1998 年抗洪减灾中的作用[J]. 遥感技术与应用，13(4)：2-4.

唐娉，张宏伟，赵永超，等，2014. 全球 30 m 分辨率多光谱影像数据自动化处理的实践与思考[J]. 遥感学报，18(2)：231-253.

汪金花，张永彬，孔改红，2004. 谱间关系法在水体特征提取中的应用[J]. 矿山测量(4)：30-32.

王得玉，冯学智，周立国，等，2008. 太湖蓝藻爆发与水温的关系的 MODIS 遥感[J]. 湖泊科学，20(2)：173-178.

王根绪，沈永平，程国栋，2000. 黄河源区生态环境变化与成因分析[J]. 冰川冻土，22(3)：200-205.

王海晖，彭嘉雄，2004. 基于多小波变换的图像融合研究[J]. 中国图象图形学报，9(8)：1002-1007.

吴敬禄，马龙，吉力力・阿不都外力，2009. 中亚干旱区咸海的湖面变化及其环境效应[J]. 干旱区地理(3)：418-422.

吴赛，张秋文，2005. 基于 MODIS 遥感数据的水体提取方法及模型研究[J]. 计算机与数字工程，33(7)：1-4.

武慧智，姜琦刚，程彬，2007. 基于 RS 和 GIS 技术青藏高原湖泊动态变化研究[J]. 世界地质，26(1)：66-70.

徐涵秋，2005. 利用改进的归一化差异水体指数(MNDWI)提取水体信息的研究[J]. 遥感学报，9(5)：589-595.

徐金鸿，陈淑娟，2008. 基于 TM 影像的水体信息提取[J]. 水土保持研究，15(6)：161-163.

闫立娟，齐文，2015. 青藏高原湖泊遥感信息提取及湖面动态变化趋势研究[J]. 地球学报(1)：67-76.

闫强，廖静娟，沈国状，2014. 近 40 年乌兰乌拉湖变化的遥感分析与水文模型模拟[J]. 国土资源遥感(1)：152-157.

杨德刚，杜宏茹，2013. 中亚经济地理概论[M]. 北京：气象出版社 .

杨桂山，马荣华，张路，等，2010. 中国湖泊现状及面临的重大问题与保护策略[J]. 湖泊科学，22(6)：799-810.

杨日红，于学政，李玉龙，2003. 西藏色林错湖面增长遥感信息动态分析[J]. 国土资源遥感，15(2)：64-67.

杨树文，薛重生，刘涛，等，2010. 一种利用 TM 影像自动提取细小水体的方法[J]. 测绘学报，39(6)：611-617.

杨恕，田宝，2002. 中亚地区生态环境问题述评[J]. 东欧中亚研究(5)：51-55.

杨英莲，殷青军，2003. 青海省湖泊遥感监测研究[J]. 青海气象(4)：37-41.

于海洋，闫柏琨，甘甫平，等，2007. 基于 GramSchmidt 变换的高光谱遥感图像改进融合方法[J]. 地理与地理信息科学，23(5)：39-41.

于树梅，刘景时，袁金国，2010. 基于 SPOT-VGTNDVI 的西藏羊卓雍错流域地表覆被变化研究[J]. 光谱学与光谱分析(6)：1570-1574.

翟辉琴，2006. 基于数学形态学的遥感影像水域提取方法[J]. 测绘科学，31(1)：22-24.

张怀利，倪国强，许廷发，等，2009. 从 SAR 遥感图像中提取水域的一种双模式结合方法[J]. 光学技术，35(1)：77-79，83.

张建财，张丽，郑艺，等，2015. 基于 LPJ 模型的中亚地区植被净初级生产力与蒸散模拟[J]. 草业科学，32(11)：1721-1729.

张丽萍,李学森,阿依丁,等,2013. 哈萨克斯坦受损草地生态系统可持续管理模式[J]. 新疆畜牧业(1):35.

张明华,2008. 用改进的谱间关系模型提取极高山地区水体信息[J]. 地理与地理信息科学,24(2):14-16.

张鹏,王学强,2014. 大气辐射校正软件 LEDAPS 与 FLAASH 对比研究[J]. 安徽农业科学,42(10):3105-3108.

赵英时,2013. 遥感应用分析原理与方法[M]. 北京:科学出版社.

郑吉平,秦小麟,2005. 数据挖掘中采样技术的研究[J]. 系统工程与电子技术,27(11):1946-1949.

周成虎,骆剑承,杨晓梅,等,1999. 遥感影像地学理解与分析[M]. 北京:科学出版社.

周可法,张清,陈曦,等,2006. 中亚干旱区生态环境变化的特点和趋势[J]. 中国科学 D 辑:地球科学,36(增刊Ⅱ):133-139.

朱俊杰,郭华东,范湘涛,2005. 高分辨率 SAR 图像的水体边缘快速自动与精确检测[J]. 遥感信息(5):29-31.

ADLER-GOLDEN S, BERK A, BERNSTEIN L, et al, 1998. FLAASH, A MODTRAN4 atmospheric correction package for hyperspectral data retrievals and simulations[C]. In Proceedings of the Proc 7th Ann JPL Airborne Earth Science Workshop: 9-14.

AIAZZI B, ALPARONE L, BARONTI S, et al, 2002. Context-driven fusion of high spatial and spectral resolution images based on oversampled multiresolution analysis[J]. IEEE Transactions on geoscience and remote sensing, 40(10): 2300-2312.

ALSDORF D E, RODRIGUEZ E, LETTENMAIER D P, 2007. Measuring surface water from space[J]. Reviews of Geophysics, 45(2): 365-390.

ARMENAKIS C, LEDUC F, CYR I, et al, 2003. A comparative analysis of scanned maps and imagery for mapping applications[J]. ISPRS Journal of Photogrammetry and Remote Sensing, 57(5): 304-314.

ASUNDI A, WENSEN Z, 1998. Fast phase-unwrapping algorithm based on a gray-scale mask and flood fill[J]. Applied optics, 37(23): 5416-5420.

BERK A, BERNSTEIN L S, ROBERTSON D C, 1987. MODTRAN: A moderate resolution model for LOWTRAN[R]. SPECTRAL SCIENCES INC BURLINGTON MA. AFGL-TR-89-0122.

BIAN D, YANG Z, LI L, et al, 2006. The response of lake area change to climate variations in North Tibetan Plateau during last 30 years[J]. Acta Geographica Sinica, 61(5): 510-518.

BRAUD D, FENG W, 1998. Semi-automated construction of the Louisiana coastline digital land/water boundary using Landsat Thematic Mapper satellite imagery[J]. Louisiana Applied Oil Spill Research and Development Program, OS2 RAPD Technical Report Series, 97: 2.

CARROLL M, TOWNSHEND J R, DIMICELI C M, et al, 2009. A new global raster water mask at 250 m resolution[J]. International Journal of Digital Earth, 2(4): 291-308.

CHE X, YANG Y, FENG M, et al, 2017. Mapping extent dynamics of small lakes using downscaling MODIS surface reflectance[J]. Remote Sensing, 9(1): 82.

CHE X H, FENG M, JIANG H, et al, 2015. Downscaling MODIS surface reflectance to improve water body extraction[J]. Advances in Meteorology, doi: 10. 1155/2015/424291.

CHEN J, ZHU X, VOGELMANN J E, et al, 2011. A simple and effective method for filling gaps in Landsat ETM+ SLC-off images[J]. Remote Sensing of Environment, 115(4): 1053-1064.

COCHRAN W G, 2007. Sampling Techniques[M]. Hoboken: John Wiley & Sons.

CONESE C, GILABERT M, MASELLI F, et al, 1993. Topographic normalization of TM scenes through the use of an atmospheric correction method and digital terrain models[J]. Photogramm Eng Remote Sens, 59(12): 1745-1753.

CRIST E P, 1985. A TM tasseled cap equivalent transformation for reflectance factor data[J]. Remote Sensing of Environment, 17(3): 301-306.

DANAHER T, COLLETT L, 2006. Development, optimisation and multi-temporal application of a simple Landsat based water index[C]. In Proceedings of the Proceedings of the 13th Australasian Remote Sensing and Photogrammetry Conference, Canberra, Australia: 20-24.

DE BETHUNE S, MULLER F, BINARD M, 1998. Adaptive intensity matching filters: a new tool for multi-resolution data fusion[C]. AGARD: AGARD Conference Proceedings AGARD CP: 28.

DONLON C, BERRUTI B, MECKLENBERG S, et al, 2012. The sentinel-3 mission: Overview and status[C]. IEEE: 2012 IEEE International Geoscience and Remote Sensing Symposium: 1711-1714.

DORREN L K, MAIER B, SEIJMONSBERGEN A C, 2003. Improved Landsat-based forest mapping in steep mountainous terrain using object-based classification[J]. Forest Ecology and Management, 183(1): 31-46.

DOWNING J A, 2010. Emerging global role of small lakes and ponds[J]. Limnetica, 29(1): 9-24.

DRUSCH M, DEL BELLO U, CARLIER S, et al, 2012. Sentinel-2: ESA's optical high-resolution mission for GMES operational services[J]. Remote Sensing of Environment, 120: 25-36.

DUAN Z, BASTIAANSSEN W, 2013. Estimating water volume variations in lakes and reservoirs from four operational satellite altimetry databases and satellite imagery data[J]. Remote Sensing of Environment, 134: 403-416.

FENG L, HU C, CHEN X, et al, 2012. Assessment of inundation changes of Poyang Lake using MODIS observations between 2000 and 2010[J]. Remote Sensing of Environment, 121: 80-92.

FENG M, HUANG C, CHANNAN S, et al, 2012. Quality assessment of Landsat surface reflectance products using MODIS data[J]. Computers & Geosciences, 38(1): 9-22.

FENG M, SEXTON J O, HUANG C, et al, 2013. Global surface reflectance products from Landsat: Assessment using coincident MODIS observations[J]. Remote Sensing of Environment, 134: 276-293.

FENG M, SEXTON J O, CHANNAN S, et al, 2016. A global, high-resolution(30-m) inland water body dataset for 2000: First results of a topographic-spectral classification algorithm[J]. International Journal of Digital Earth, 9(2): 113-133.

FEYISA G L, MEILBY H, FENSHOLT R, et al, 2014. Automated Water Extraction Index: A new technique for surface water mapping using Landsat imagery[J]. Remote Sensing of Environment, 140: 23-35.

FLUET-CHOUINARD E, LEHNER B, REBELO L M, et al, 2015. Development of a global inundation map at high spatial resolution from topographic downscaling of coarse-scale remote sensing data[J]. Remote Sensing of Environment, 158: 348-361.

FOODY G M, 2002. Status of land cover classification accuracy assessment[J]. Remote sensing of environment, 80(1): 185-201.

FOODY G M, ARORA M K, 1996. Incorporating mixed pixels in the training, allocation and testing stages of supervised classifications[J]. Pattern Recognition Letters, 17(13): 1389-1398.

FRAZIER P S, PAGE K J, 2000. Water body detection and delineation with Landsat TM data[J]. Photogramm Eng Remote Sens, 66(12): 1461-1468.

FRIEDL M A, BRODLEY C E, 1997. Decision tree classification of land cover from remotely sensed data[J]. Remote sensing of environment, 61(3): 399-409.

FRIEDL M A, MCIVER D K, HODGES J C, et al, 2002. Global land cover mapping from MODIS: algorithms and early results[J]. Remote Sensing of Environment, 83(1): 287-302.

GAO F, MASEK J G, WOLFE R E, et al, 2010. Building a consistent medium resolution satellite data set using moderate resolution imaging spectroradiometer products as reference[J]. Journal of Applied Remote Sensing, 4(1): 043526-043526-043522.

GAO H, BIRKETT C, LETTENMAIER D P, 2012. Global monitoring of large reservoir storage from satellite remote sensing[J]. Water Resources Research,48,W09504,doi:10.1029/2012WR012063.

GONG P,MILLER J,SPANNER M,1993. Forest canopy closure from classification and spectral mixing of scene components:multi-sensor evaluation of application to an open canopy[C]. In Proceedings of the Geoscience and Remote Sensing Symposium,1993 IGARSS'93 Better Understanding of Earth Environment,International:747-749.

GOWARD S N,MASEK J G,WILLIAMS D L,et al,2001. The Landsat 7 mission:Terrestrial research and applications for the 21st century[J]. Remote Sensing of Environment,78(1):3-12.

GUERSCHMAN J P,WARREN G,BYRNE G,et al,2011. MODIS-based standing water detection for flood and large reservoir mapping:algorithm development and applications for the Australian continent[R]. Canberra:Water for a Healthy Country National Research Flagship Report.

HADJIMITSIS D G,PAPADAVID G,AGAPIOU A,et al,2010. Atmospheric correction for satellite remotely sensed data intended for agricultural applications:impact on vegetation indices[J]. Natural Hazards and Earth System Sciences,10(1):89-95.

HALLBERG G R,HOYER B E,RANGO A,1973. Application of ERTS-1 imagery to flood inundation mapping[J]. NASA Special Publication,327(1):745-753.

HARRIS A,1994. Time series remote sensing of a climatically sensitive lake[J]. Remote Sensing of Environment,50(2):83-94.

HARRIS A,MASON I,1989. Lake area measurement using AVHRR A case study[J]. International Journal of Remote Sensing,10(4-5):885-895.

HILLGER D,KOPP T,LEE T,et al,2013. First-light imagery from Suomi NPP VIIRS[J]. Bulletin of the American Meteorological Society,94(7):1019-1029.

HORN B K,1981. Hill shading and the reflectance map[J]. Proceedings of the IEEE,69(1):14-47.

HUANG C,GOWARD S N,MASEK J G,et al,2010. An automated approach for reconstructing recent forest disturbance history using dense Landsat time series stacks[J]. Remote Sensing of Environment,114(1):183-198.

HUANG C,CHEN Y,WU J,2014. Mapping spatio-temporal flood inundation dynamics at large river basin scale using time-series flow data and MODIS imagery[J]. International Journal of Applied Earth Observation and Geoinformation,26:350-362.

HUANG C,CHEN Y,WU J,et al,2015. An evaluation of Suomi NPP-VIIRS data for surface water detection [J]. Remote Sensing Letters,6(2):155-164.

HUANG C,CHEN Y,ZHANG S,et al,2017. Spatial Downscaling of Suomi NPP-VIIRS Image for Lake Mapping[J]. Water,9(11):834.

HUANG X,XIE C,FANG X,et al,2015. Combining pixel-and object-based machine learning for identification of water-body types from urban high-resolution remote-sensing imagery[J]. IEEE Journal of Selected Topics in Applied Earth Observations and Remote Sensing,8(5):2097-2110.

IMMITZER M,VUOLO F,ATZBERGER C,2016. First experience with Sentinel-2 data for crop and tree species classifications in central Europe[J]. Remote Sensing,8(3):166.

IRISH R R,BARKER J L,GOWARD S N,et al,2006. Characterization of the Landsat 7 ETM+ automated cloud-cover assessment(ACCA) algorithm[J]. Photogrammetric engineering & remote sensing,72(10):1179-1188.

ISAACS R,WANG W C,WORSHAM R,et al,1987. Multiple scattering LOWTRAN and FASCODE models [J]. Applied optics,26(7):1272-1281.

JAIN S,SINGH R D,JAIN M K,et al,2005. Delineation of Flood-Prone Areas Using Remote Sensing Techniques[J]. Water Resour Manage,19(4):333-347.

JIANG H,FENG M,ZHU Y,et al,2014. An automated method for extracting rivers and lakes from Landsat imagery[J]. Remote Sensing,6(6):5067-5089.

JUPP D L B,1985. Landsat based interpretation of the Cairns section of the Great Barrier Reef Marine Park [R]. Canberra Institute of Biological Resources,Commonwealth Scientific and Industrial Research Organization Australia.

JUSTICE C O,TOWNSHEND J R G,VERMOTE E F,et al,2002. An overview of MODIS Land data processing and product status[J]. Remote sensing of Environment,83(1-2):3-15.

KIM S H,KANG S J,LEE K S,2010. Comparison of Fusion Methods for Generating 250m MODIS Image[J]. Korean Journal of Remote Sensing,26(3):305-316.

KINGSFORD R,THOMAS R,KNOWLES E,et al,1997. GIS database for wetlands of the Murray-Darling Basin[R]. Sydney:Report to the Murray-Darling Basin Commission.

KLEIN I,DIETZ A J,GESSNER U,et al,2014. Evaluation of seasonal water body extents in Central Asia over the past 27 years derived from medium-resolution remote sensing data[J]. International Journal of Applied Earth Observation and Geoinformation,26:335-349.

KOHAVI R,1995. A study of cross-validation and bootstrap for accuracy estimation and model selection[C]. In Proceedings of the IJCAI:1137-1145.

LÄNGKVIST M,KISELEV A,ALIREZAIE M,et al,2016. Classification and segmentation of satellite orthoimagery using convolutional neural networks[J]. Remote Sensing,8(4):329.

LEHNER B,DÖLL P,2004. Development and validation of a global database of lakes,reservoirs and wetlands [J]. Journal of Hydrology,296(1):1-22.

LI S,XIONG L,TANG G,et al,2020. Deep learning-based approach for landform classification from integrated data sources of digital elevation model and imagery[J]. Geomorphology,354:107045.

LI X,XIAO J,LI F,et al,2012. Remote sensing monitoring of the Qinghai Lake based on EOS/MODIS data in recent 10 years[J]. J Natural Resour,27(11):1962-1970.

LIANG S, FANG H, CHEN M, 2001. Atmospheric correction of Landsat ETM+ land surface imagery. I. Methods[J]. IEEE Transactions on Geoscience and Remote Sensing,39(11):2490-2498.

LIAO J,SHEN G,LI Y,2013. Lake variations in response to climate change in the Tibetan Plateau in the past 40 years[J]. International Journal of Digital Earth,6(6):534-549.

LIRA J,2006. Segmentation and morphology of open water bodies from multispectral images[J]. International Journal of Remote Sensing,27(18):4015-4038.

LIU J,WANG S,YU S,et al,2009. Climate warming and growth of high-elevation inland lakes on the Tibetan Plateau[J]. Global and Planetary Change,67(3):209-217.

LUNETTA R S,KNIGHT J F,EDIRIWICKREMA J,et al,2006. Land-cover change detection using multitemporal MODIS NDVI data[J]. Remote sensing of environment,105(2):142-154.

MA M,WANG X,VEROUSTRAETE F,et al,2007. Change in area of Ebinur Lake during the 1998-2005 period[J]. International Journal of Remote Sensing,28(24):5523-5533.

MA R,DUAN H,HU C,et al,2010. A half-century of changes in China's lakes:Global warming or human influence? [J]. Geophysical Research Letters,37(24):L24106.

MASON I,HARRIS A,MOODY J,et al,1992. Monitoring wetland hydrology by remote sensing:a case study of the Sudd using infrared imagery and radar altimetry[C]. In Proceedings of the Proceedings of the Central Symposium of the 'International Space Year' Conference.

MAULIK U,CHAKRABORTY D,2011. A self-trained ensemble with semisupervised SVM:An application to pixel classification of remote sensing imagery[J]. Pattern Recognition,44(3):615-623.

MCCULLOUGH I M,LOFTIN C S,SADER S A,2012. High-frequency remote monitoring of large lakes with MODIS 500m imagery[J]. Remote Sensing of Environment,124:234-241.

MCFEETERS S K,1996. The use of the Normalized Difference Water Index(NDWI)in the delineation of open water features[J]. International Journal of Remote Sensing,17(7):1425-1432.

MELGANI F,BRUZZONE L,2004. Classification of hyperspectral remote sensing images with support vector machines[J]. IEEE Transactions on geoscience and remote sensing,42(8):1778-1790.

MESSAGER M L,LEHNER B,GRILL G,et al,2016. Estimating the volume and age of water stored in global lakes using a geo-statistical approach[J]. Nature Communications,7:13603.

MØLLER-JENSEN L,1990. Knowledge-based classification of an urban area using texture and context information in Landsat-TM imagery[J]. Photogramm Eng Remote Sens,56(6):899-904.

MORRISON R B,Cooley M,1973. Assessment of flood damage in Arizona by means of ERTS-1 imagery[J]. Symposium on Significant Results Obtained from the Earth Resources Satellite-1,1:755-760.

NOGUEIRA K,PENATTI O A,DOS SANTOS J A,2017. Towards better exploiting convolutional neural networks for remote sensing scene classification[J]. Pattern Recognition,61:539-556.

OLMANSON L G, BAUER M E, BREZONIK P L, 2008. A 20-year Landsat water clarity census of Minnesota's 10,000 lakes[J]. Remote Sensing of Environment,112(11):4086-4097.

OREOPOULOS L,WILSON M J,VÁRNAI T,2011. Implementation on Landsat data of a simple cloud-mask algorithm developed for MODIS land bands[J]. IEEE Geoscience and Remote Sensing Letters, 8(4): 597-601.

OUMA Y O,TATEISHI R,2006. A water index for rapid mapping of shoreline changes of five East African Rift Valley lakes:an empirical analysis using Landsat TM and ETM+data[J]. International Journal of Remote Sensing,27(15):3153-3181.

PADILLA M,STEHMAN S V,CHUVIECO E,2014. Validation of the 2008 MODIS-MCD45 global burned area product using stratified random sampling[J]. Remote Sensing of Environment,144:187-196.

PAPA F,PRIGENT C,AIRES F,et al,2010. Interannual variability of surface water extent at the global scale, 1993-2004[J]. Journal of Geophysical Research:Atmospheres,115:D12111.

PARDO-IGÚZQUIZA E,CHICA-OLMO M,ATKINSON P M,2006. Downscaling cokriging for image sharpening[J]. Remote Sensing of Environment,102(1):86-98.

PEKEL J F,VANCUTSEM C,BASTIN L,et al,2014. A near real-time water surface detection method based on HSV transformation of MODIS multi-spectral time series data[J]. Remote sensing of environment,140: 704-716.

PEKEL J F,COTTAM A,GORELICK N,et al,2016. High-resolution mapping of global surface water and its long-term changes[J]. Nature,540(7633):418-422.

PESARESI M,CORBANE C,JULEA A,et al,2016. Assessment of the added-value of sentinel-2 for detecting built-up areas[J]. Remote Sensing,8(4):299.

PRATA A,1990. Satellite-derived evaporation from Lake Eyre, South Australia[J]. International Journal of Remote Sensing,11(11):2051-2068.

PRIGENT C,PAPA F,AIRES F,et al,2007. Global inundation dynamics inferred from multiple satellite observations,1993-2000[J]. Journal of Geophysical Research:Atmospheres,112:D12107. doi:10. 1029/2006JD007847.

RANGO A,SALOMONSON V V,1974. Regional flood mapping from space[J]. Water Resources Research,10 (3):473-484.

ROBERTS D A,GARDNER M,CHURCH R,et al,1998. Mapping chaparral in the Santa Monica Mountains using multiple endmember spectral mixture models[J]. Remote Sensing of Environment,65(3):267-279.

ROKNI K,AHMAD A,SELAMAT A,et al,2014. Water feature extraction and change detection using multi-temporal Landsat imagery[J]. Remote Sensing,6(5):4173-4189.

ROUJEAN J L,LEROY M,DESCHAMPS P Y,1992. A bidirectional reflectance model of the Earth's surface for the correction of remote sensing data[J]. Journal of Geophysical Research: Atmospheres, 97(D18): 20455-20468.

RYU J H,WON J S,MIN K D,2002. Waterline extraction from Landsat TM data in a tidal flat:A case study in Gomso Bay,Korea[J]. Remote Sensing of Environment,83(3):442-456.

SALES M H R,SOUZA C M,KYRIAKIDIS P C,2013. Fusion of MODIS images using kriging with external drift[J]. IEEE Transactions on geoscience and remote sensing,51(4):2250-2259.

SANNIER C,MCROBERTS R E,FICHET L V,et al,2014. Using the regression estimator with Landsat data to estimate proportion forest cover and net proportion deforestation in Gabon[J]. Remote sensing of environment,151:138-148.

SANYAL J,LU X,2004. Application of remote sensing in flood management with special reference to monsoon Asia:a review[J]. Natural Hazards,33(2):283-301.

SÄRNDAL C E, SWENSSON B, WRETMAN J, 1992. Model Assisted Survey Sampling[M]. New York: Springer-Verlag.

SCHUELER C F,LEE T F,MILLER S D,2013. VIIRS constant spatial-resolution advantages[J]. International journal of remote sensing,34(16):5761-5777.

SHEN F,KUANG D,2003. Remote sensing investigation and survey of Qinghai Lake in the past 25 years[J]. Journal of Lake Sciences,15(4):289-296.

SINGH A,SEITZ F,SCHWATKE C,2012. Inter-annual water storage changes in the Aral Sea from multi-mission satellite altimetry,optical remote sensing,and GRACE satellite gravimetry[J]. Remote sensing of environment,123:187-195.

SMITH A R,1978. Color gamut transform pairs[J]. ACM SIGGRAPH Computer Graphics,12(3):12-19.

SMITH L C,ALSDORF D E,1998. Control on sediment and organic carbon delivery to the Arctic Ocean revealed with space-borne synthetic aperture radar:Ob'River,Siberia[J]. Geology,26(5):395-398.

SONG C,HUANG B,KE L,et al,2014. Remote sensing of alpine lake water environment changes on the Tibetan Plateau and surroundings:A review[J]. ISPRS Journal of Photogrammetry and Remote Sensing,92: 26-37.

SONG X P,POTAPOV P V,KRYLOV A,et al,2017. National-scale soybean mapping and area estimation in the United States using medium resolution satellite imagery and field survey[J]. Remote Sensing of Environment,190:383-395.

STEHMAN S V,1999. Basic probability sampling designs for thematic map accuracy assessment[J]. International Journal of remote sensing,20(12):2423-2441.

STEHMAN S V,2009. Sampling designs for accuracy assessment of land cover[J]. International Journal of Remote Sensing,30(20):5243-5272.

STEHMAN S V,CZAPLEWSKI R L,1998. Design and analysis for thematic map accuracy assessment:fundamental principles[J]. Remote sensing of environment,64(3):331-344.

TACHIKAWA T,KAKU M,IWASAKI A,et al,2011. ASTER global digital elevation model version 2-summary of validation results[R]. NASA.

TUCKER C J,PINZON J E,BROWN M E,et al,2005. An extended AVHRR 8-km NDVI dataset compatible with MODIS and SPOT vegetation NDVI data[J]. International Journal of Remote Sensing,26(20):4485-

4498.

TULBURE M G,BROICH M,STEHMAN S V,et al,2016. Surface water extent dynamics from three decades of seasonally continuous Landsat time series at subcontinental scale in a semi-arid region[J]. Remote Sensing of Environment,178:142-157.

VERMOTE E,KOTCHENOVA S,RAY J,2011. MODIS surface reflectance user's guide[Z]. MODIS Land Surface Reflectance Science Computing Facility,version 1.

VERMOTE E F,TANRÉ D,DEUZE J L,et al,1997. Second simulation of the satellite signal in the solar spectrum,6S:An overview[J]. IEEE transactions on geoscience and remote sensing,35(3):675-686.

VERMOTE E F,EL SALEOUS N Z,JUSTICE C O,2002. Atmospheric correction of MODIS data in the visible to middle infrared:first results[J]. Remote Sensing of Environment,83(1):97-111.

VERPOORTER C,KUTSER T,TRANVIK L,2012. Automated mapping of water bodies using Landsat multispectral data[J]. Limnology and Oceanography:Methods,10(12):1037-1050.

VERPOORTER C,KUTSER T,SEEKELL D A,et al,2014. A global inventory of lakes based on high-resolution satellite imagery[J]. Geophysical Research Letters,41(18):6396-6402.

VIKHAMAR D,SOLBERG R,2003. Snow-cover mapping in forests by constrained linear spectral unmixing of MODIS data[J]. Remote Sensing of Environment,88(3):309-323.

WALDNER F,CANTO G S,DEFOURNY P,2015. Automated annual cropland mapping using knowledge-based temporal features[J]. ISPRS Journal of Photogrammetry and Remote Sensing,110:1-13.

WAN W,LONG D,HONG Y,et al,2016. A lake data set for the Tibetan Plateau from the 1960s,2005,and 2014[J]. Scientific Data,3(1):1-13.

WANG S,DOU H,1998. Annals of Lakes in China[M]. Beijing:Science Press.

WANG Q,SHI W,ATKINSON P M,et al,2015. Downscaling MODIS images with area-to-point regression kriging[J]. Remote Sensing of Environment,166:191-204.

WANG S,BAIG M H A,ZHANG L,et al,2015. A simple Enhanced Water Index(EWI)for percent surface water estimation using Landsat data[J]. IEEE Journal of Selected Topics in Applied Earth Observations and Remote Sensing,8(1):90-97.

WANG Y,COLBY J,MULCAHY K,2002. An efficient method for mapping flood extent in a coastal floodplain using Landsat TM and DEM data[J]. International Journal of Remote Sensing,23(18):3681-3696.

WANG Z,ZIOU D,ARMENAKIS C,et al,2005. A comparative analysis of image fusion methods[J]. IEEE transactions on geoscience and remote sensing,43(6):1391-1402.

WILLIAMS D L,GOWARD S,ARVIDSON T,2006. Landsat[J]. Photogrammetric engineering & remote sensing,72(10):1171-1178.

WITTEN I H,FRANK E,HALL M A,et al,2016. Data Mining:Practical Machine Learning Tools and Techniques[M]. San Francisco:Morgan Kaufmann.

WOLTER P T,TOWNSEND P A,STURTEVANT B R,2009. Estimation of forest structural parameters using 5 and 10 meter SPOT-5 satellite data[J]. Remote Sensing of Environment,113(9):2019-2036.

WULDER M A,MASEK J G,COHEN W B,et al,2012. Landsat Legacy Special Issue[J]. Remote Sensing of Environment,122:1-202.

WULDER M A,WHITE J C,LOVELAND T R,et al,2016. The global Landsat archive:Status,consolidation,and direction[J]. Remote Sensing of Environment,185:271-283.

XIAO X,BOLES S,LIU J,et al,2002. Characterization of forest types in Northeastern China,using multi-temporal SPOT-4 VEGETATION sensor data[J]. Remote Sensing of Environment,82(2):335-348.

XIAO X,BOLES S,LIU J,et al,2005. Mapping paddy rice agriculture in southern China using multi-temporal

MODIS images[J]. Remote Sensing of Environment, 95(4): 480-492.

XIAO F, LING F, DU Y, et al, 2010. Digital extraction of altitudinal belt spectra in the West Kunlun Mountains using SPOT-VGT NDVI and SRTM DEM[J]. Journal of Mountain Science, 7(2): 133-145.

XU H, 2006. Modification of normalised difference water index(NDWI) to enhance open water features in remotely sensed imagery[J]. International journal of remote sensing, 27(14): 3025-3033.

YAMAZAKI D, TRIGG M A, IKESHIMA D, 2015. Development of a global ~ 90m water body map using multi-temporal Landsat images[J]. Remote Sensing of Environment, 171: 337-351.

YING Q, HANSEN M C, POTAPOV P V, et al, 2017. Global bare ground gain from 2000 to 2012 using Landsat imagery[J]. Remote Sensing of Environment, 194: 161-176.

ZHANG Y, 2002. Problems in the fusion of commercial high-resolution satelitte as well as Landsat 7 images and initial solutions[J]. International Archives of Photogrammetry Remote Sensing and Spatial Information Sciences, 34(4): 587-592.

ZHANG Y, ROSSOW W B, LACIS A A, et al, 2004. Calculation of radiative fluxes from the surface to top of atmosphere based on ISCCP and other global data sets: Refinements of the radiative transfer model and the input data[J]. Journal of Geophysical Research: Atmospheres, 109: D19105, doi: 10. 1029/2003JD004457.

ZHANG S, SHAO Q, LIU J, et al, 2007. Land use and landscape pattern change in Madoi County, the source region of Yellow River[J]. Geo-Inf Sci, 4: 21.

ZHU Z, WOODCOCK C E, 2012. Object-based cloud and cloud shadow detection in Landsat imagery[J]. Remote Sensing of Environment, 118: 83-94.

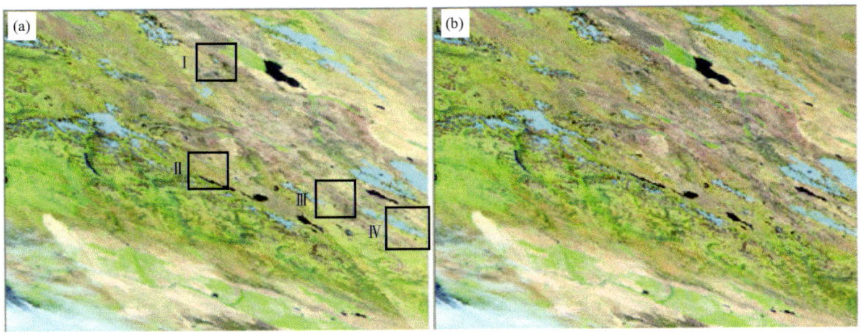

图 2.1　中亚测试区降尺度后 BRDF 校正前(a)和校正后(b)的 624 波段合成图

(时间:2010 年 10 月 4 日;位置:h23v04)

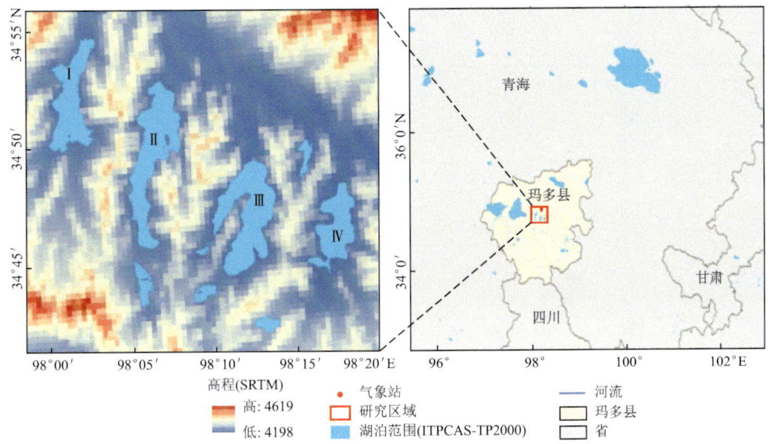

图 2.4　玛多县湖泊的空间分布

(左图底图为 90 m SRTM DEM)

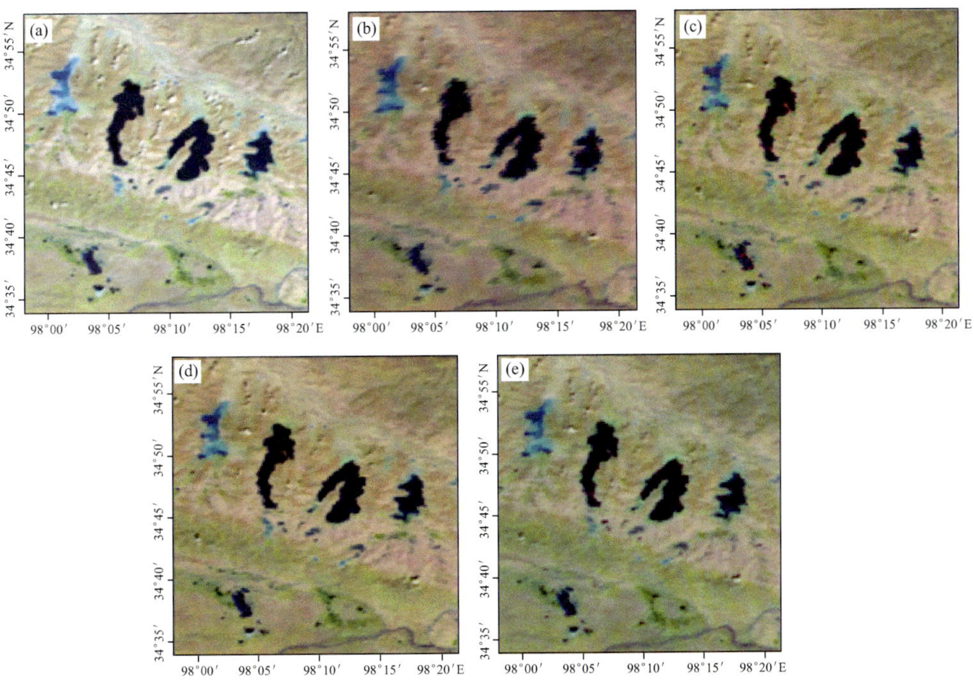

图 2.6　2001 年 9 月 21 日研究区假彩色 624 波段合成

(a)融合到 250 m 的 Landsat 7 ETM+影像;(b)原始的 500 m 空间分辨率 MODIS 影像;

(c)基于 MAR 降尺度结果;(d)基于 IMAR 降尺度结果;(e)小波变换降尺度结果与 Landsat 定量对比

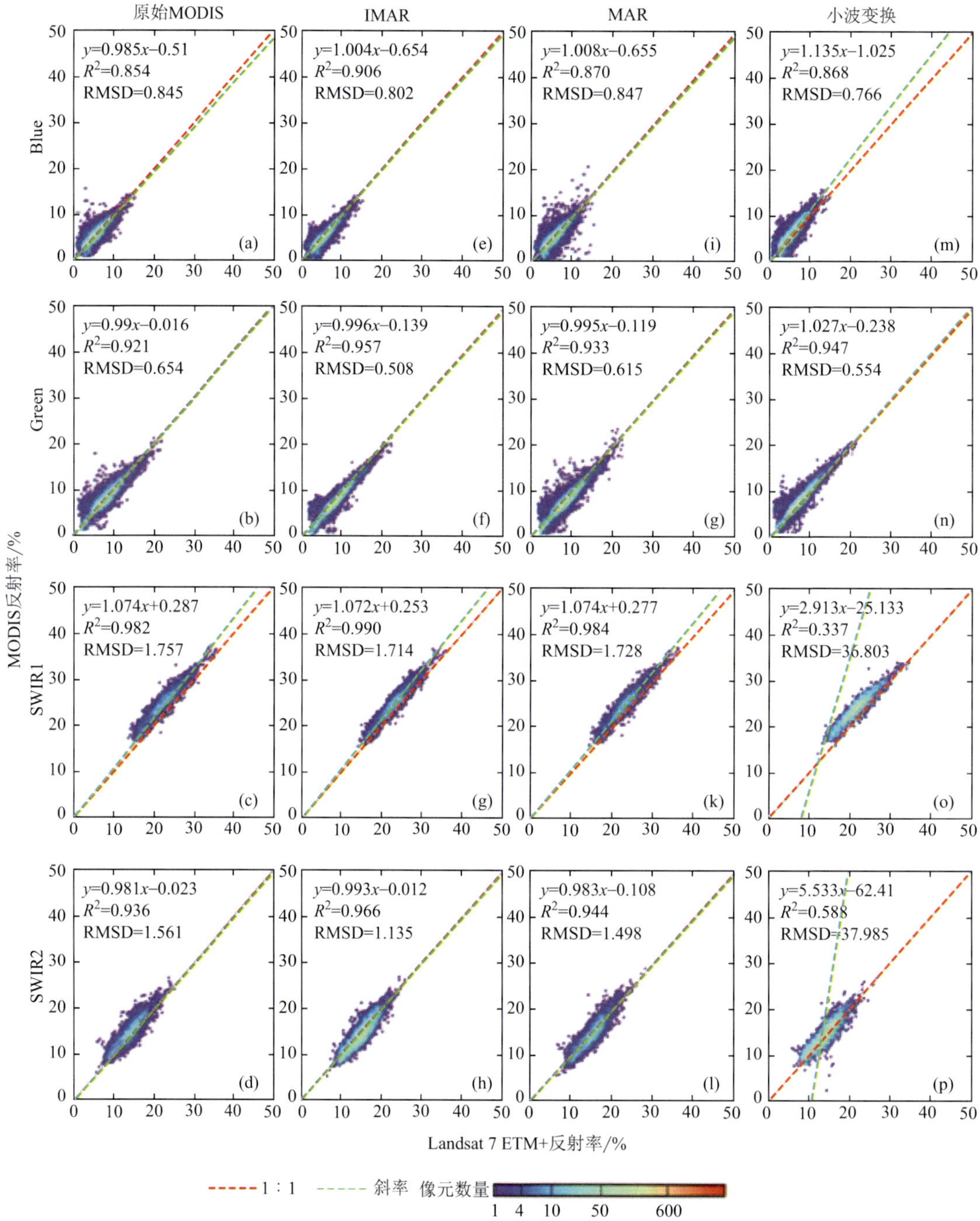

图 2.7 融合的 Landsat 7 ETM＋和降尺度前后 MODIS 反射率对比图

（原始 500 m MODIS 反射率数据（a～d）；IMAR（e～h）；MAR（i～l）和小波变换（m～p））

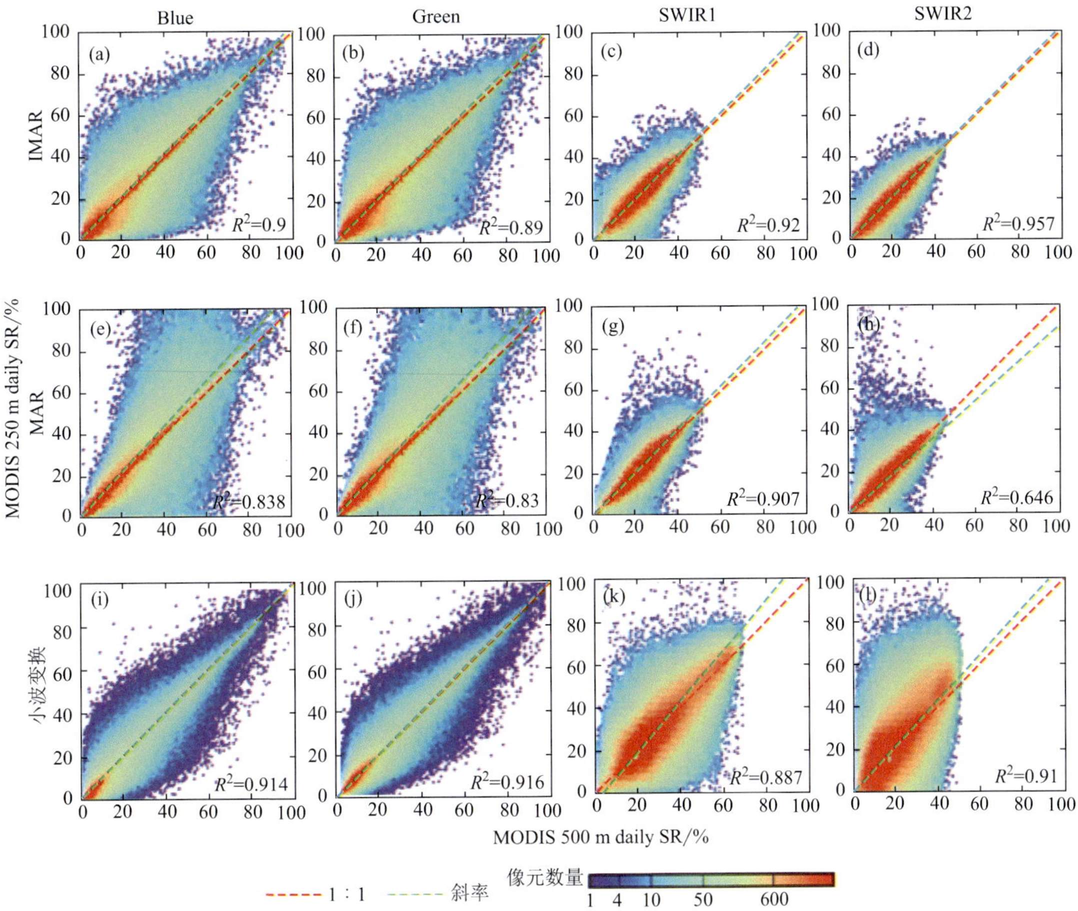

图 2.8　原始 MODIS 影像和降尺度影像光谱特性对比图

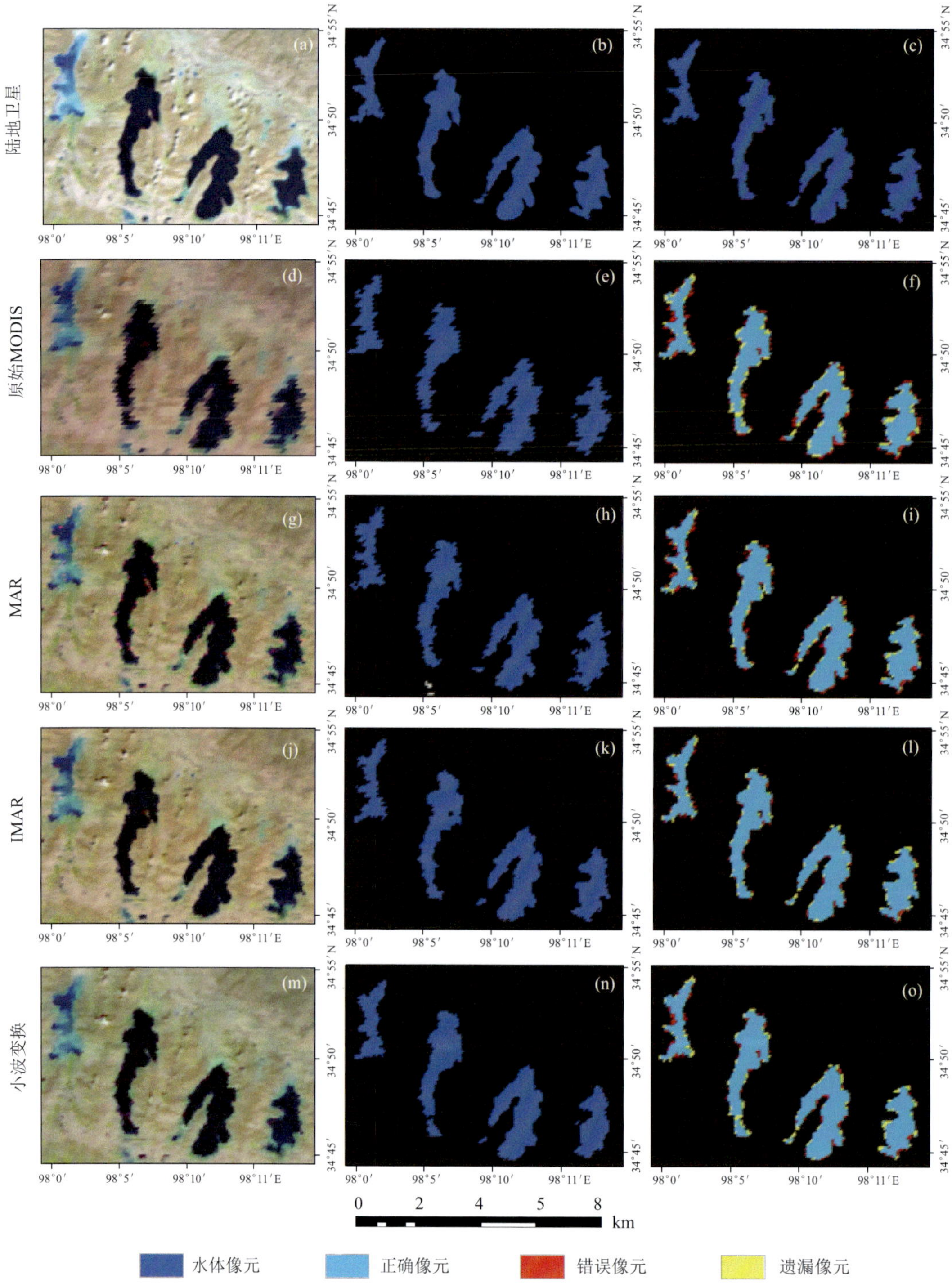

图 2.9　降尺度前后湖泊面积空间分布及其误差

（第一列：彩色合成影像；第二列：水体提取结果；第三列：水体提取误差）

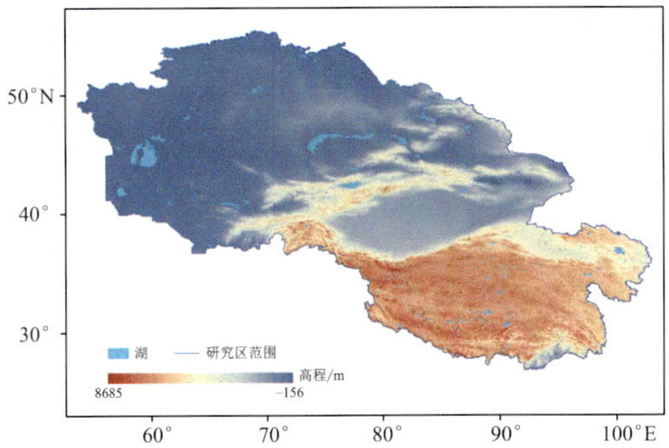

图 3.1　研究区范围示意图

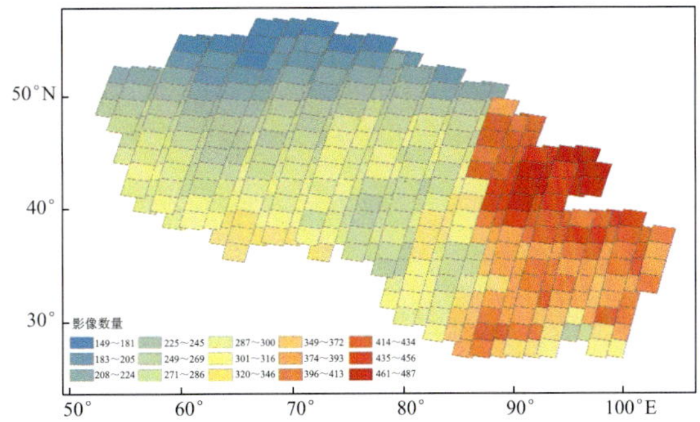

图 3.3　2000—2015 年 Landsat 5、7 和 8 影像数据空间覆盖度

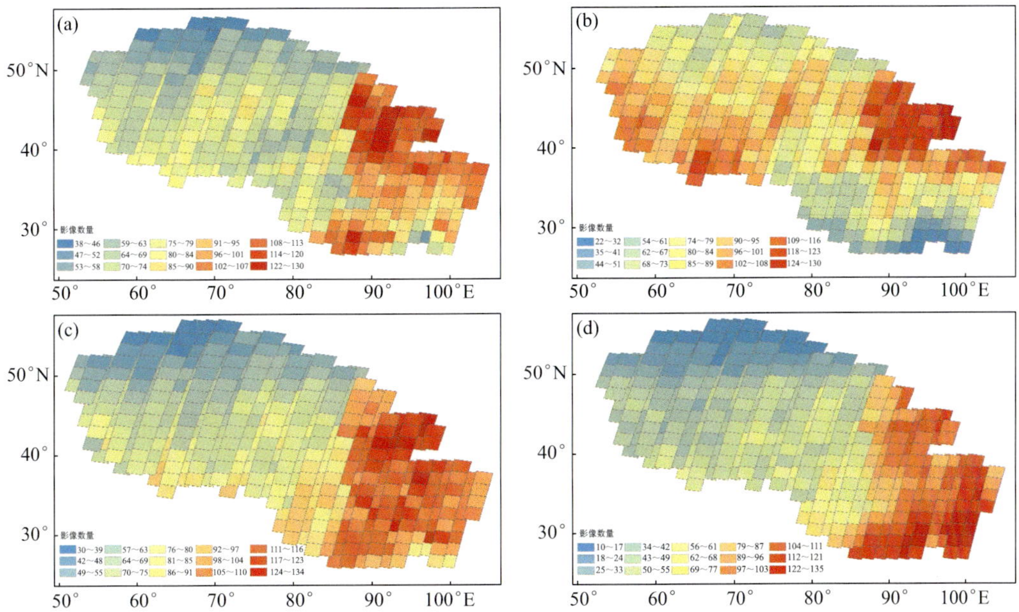

图 3.4　2000—2015 年 Landsat 5、7 和 8 影像数据空间覆盖度

(a)春；(b)夏；(c)秋；(d)冬

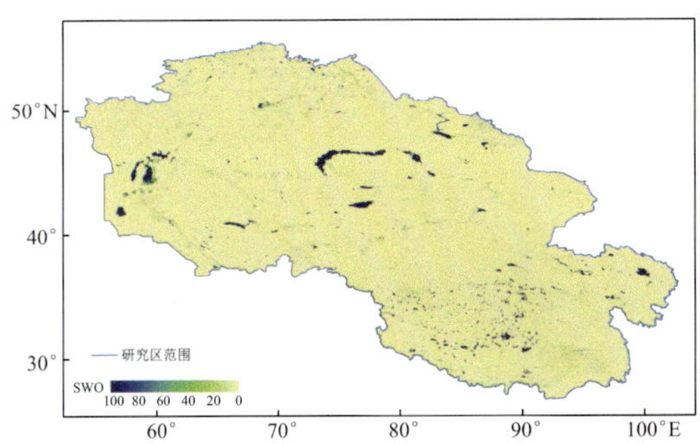

图 3.7　2010—2015 年研究区水体波动频率

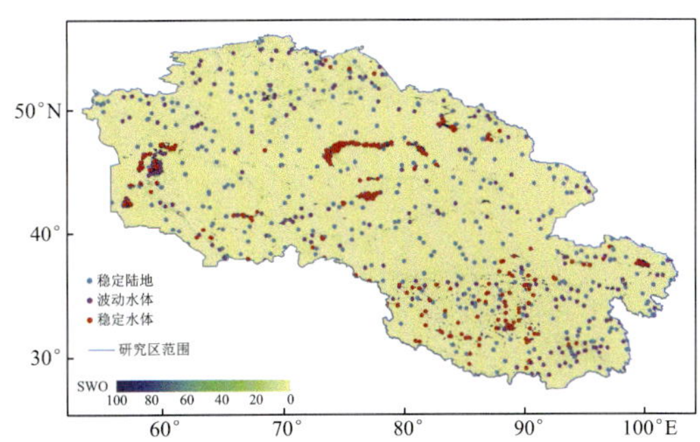

图 3.9　验证样点空间分布

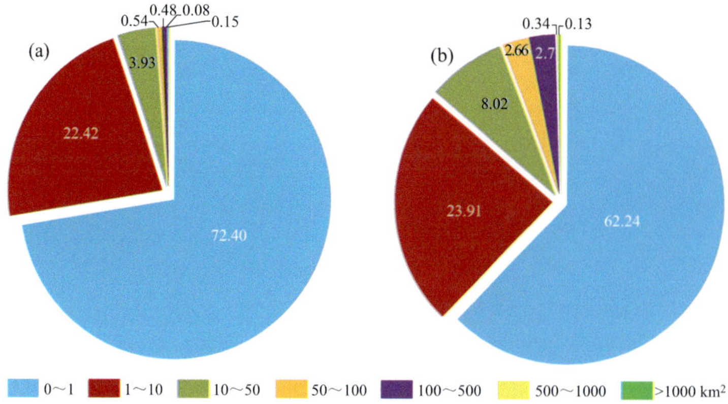

图 4.2　中亚干旱区(a)和青藏高原地区(b)不同大小湖泊数量比例

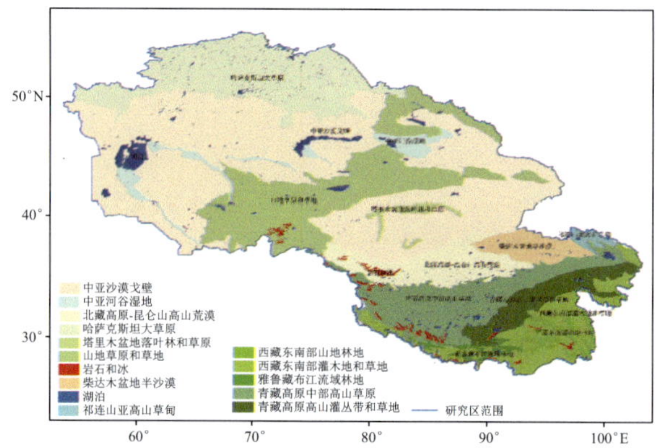

图 4.6　研究区地理生态分区

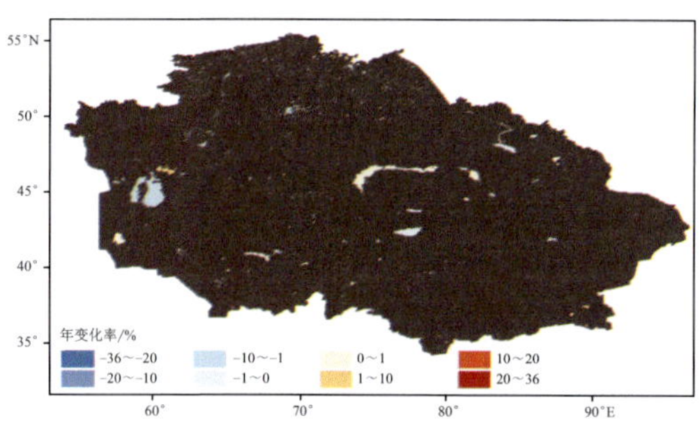

图 4.7　中亚干旱区湖泊年变化率空间分布

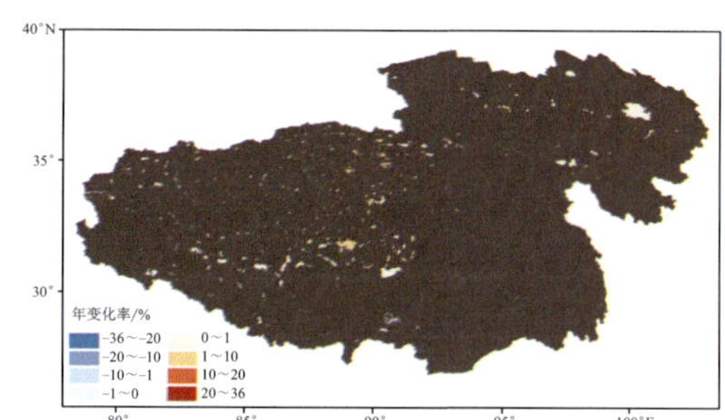

图 4.8　青藏高原地区湖泊年变化空间分布

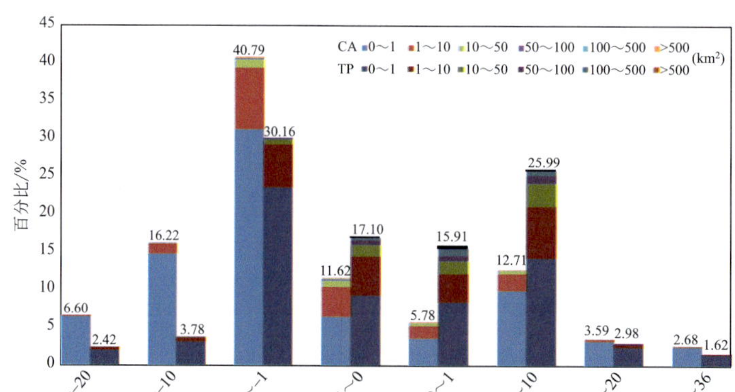

图 4.9　中亚干旱区和青藏高原地区不同变化率湖泊统计

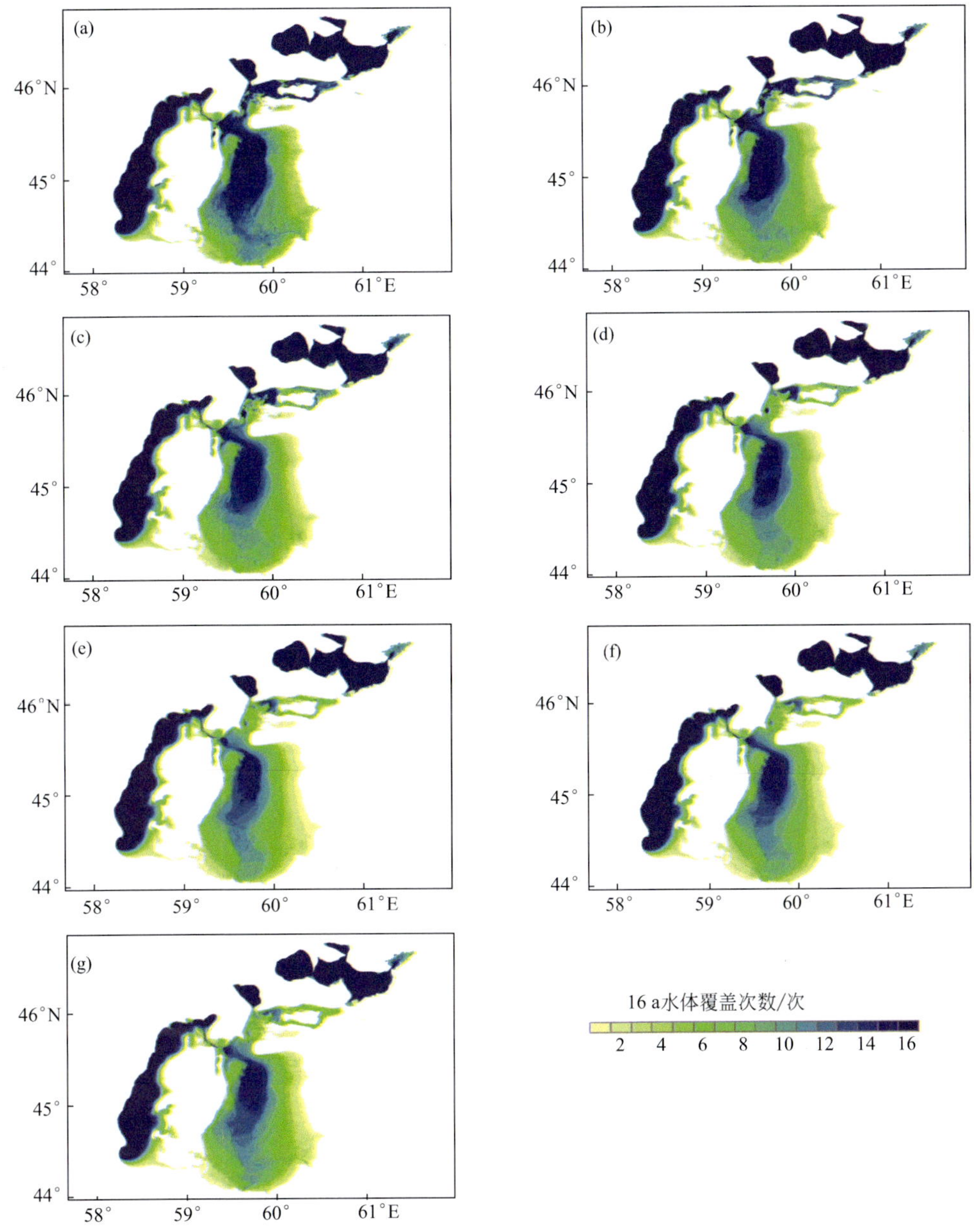

图 5.4　咸海 2000—2015 年水体覆盖次数空间分布

(a)4 月;(b)5 月;(c)6 月;(d)7 月;(e)8 月;(f)9 月;(g)10 月

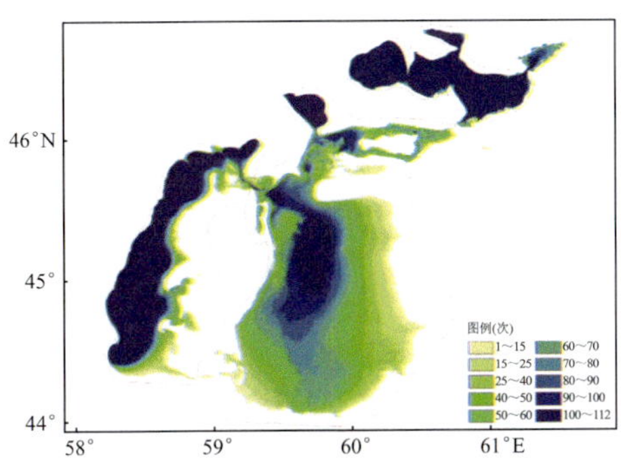

图 5.1　咸海 2000—2015 年水体覆盖次数空间分布

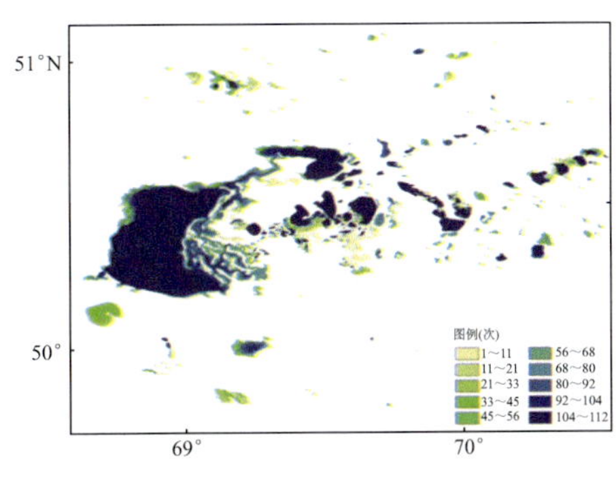

图 5.7　田吉兹湖 2000—2015 年水体覆盖次数空间分布

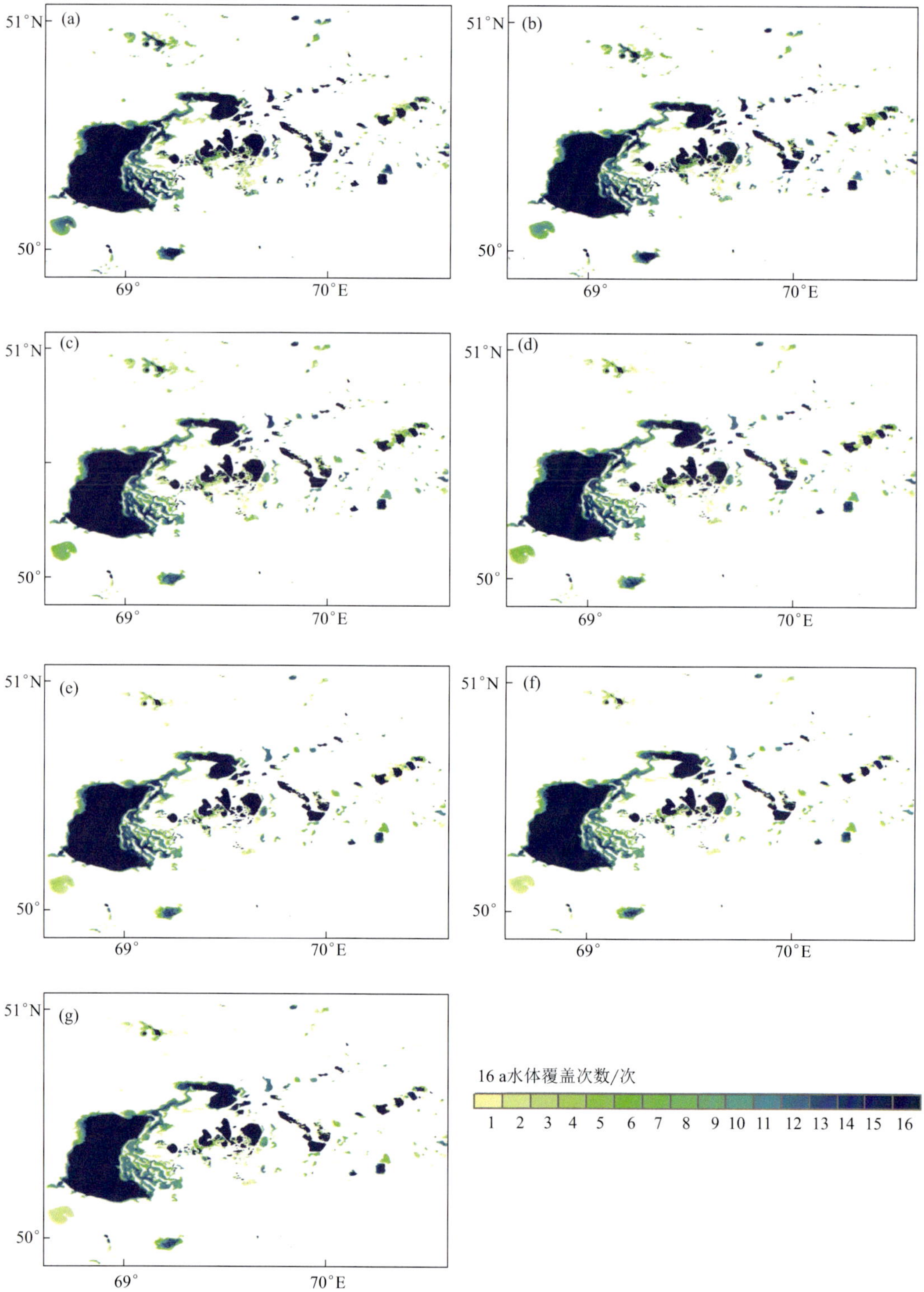

图 5.9　田吉兹湖 2000—2015 年水体覆盖次数空间分布

(a)4 月;(b)5 月;(c)6 月;(d)7 月;(e)8 月;(f)9 月;(g)10 月

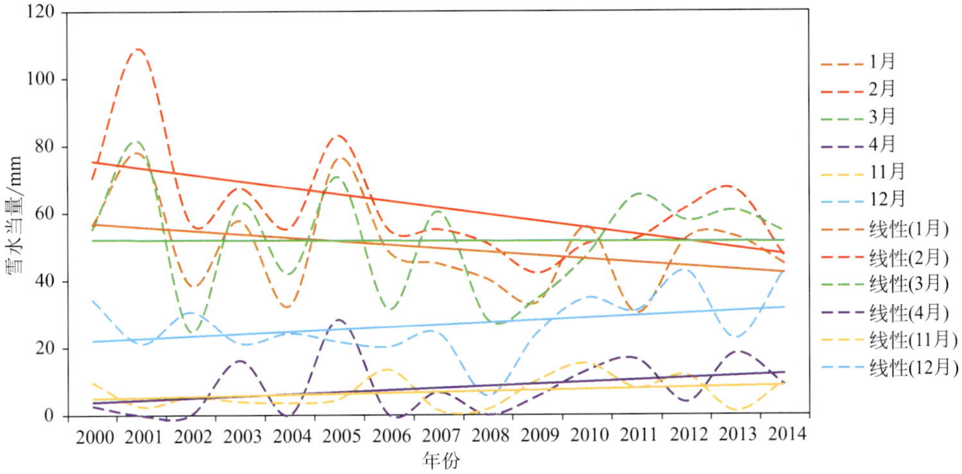

图 5.12　田吉兹湖 2000—2014 年冬季月份雪水当量变化

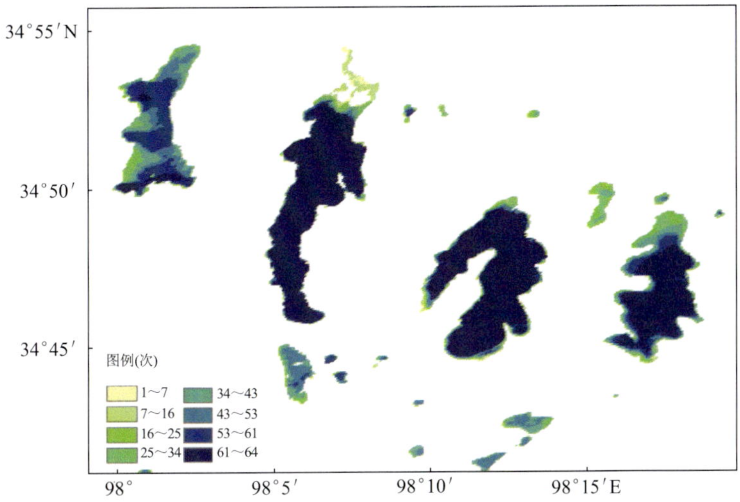

图 5.13　四个湖泊 2000—2015 年水体覆盖次数空间分布

（从左向右依次为龙日阿错、星星海、阿涌吾尔玛错和阿涌该马错）

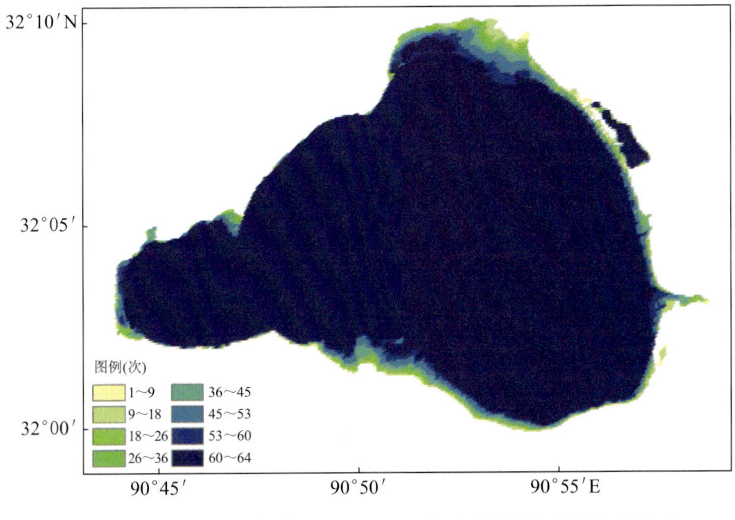

图 5.17　兹格塘错湖泊 2000—2015 年水体覆盖次数空间分布

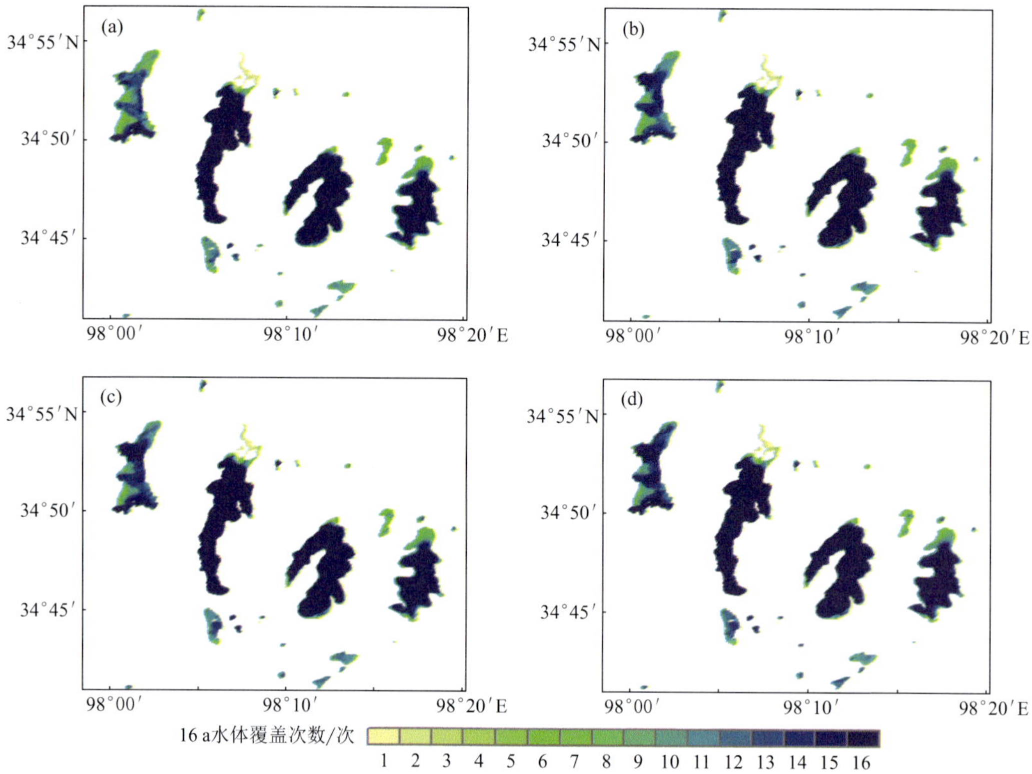

图 5.16　四个湖泊 2000—2015 年水体覆盖次数空间分布

(a)6 月;(b)7 月;(c)8 月;(d)9 月

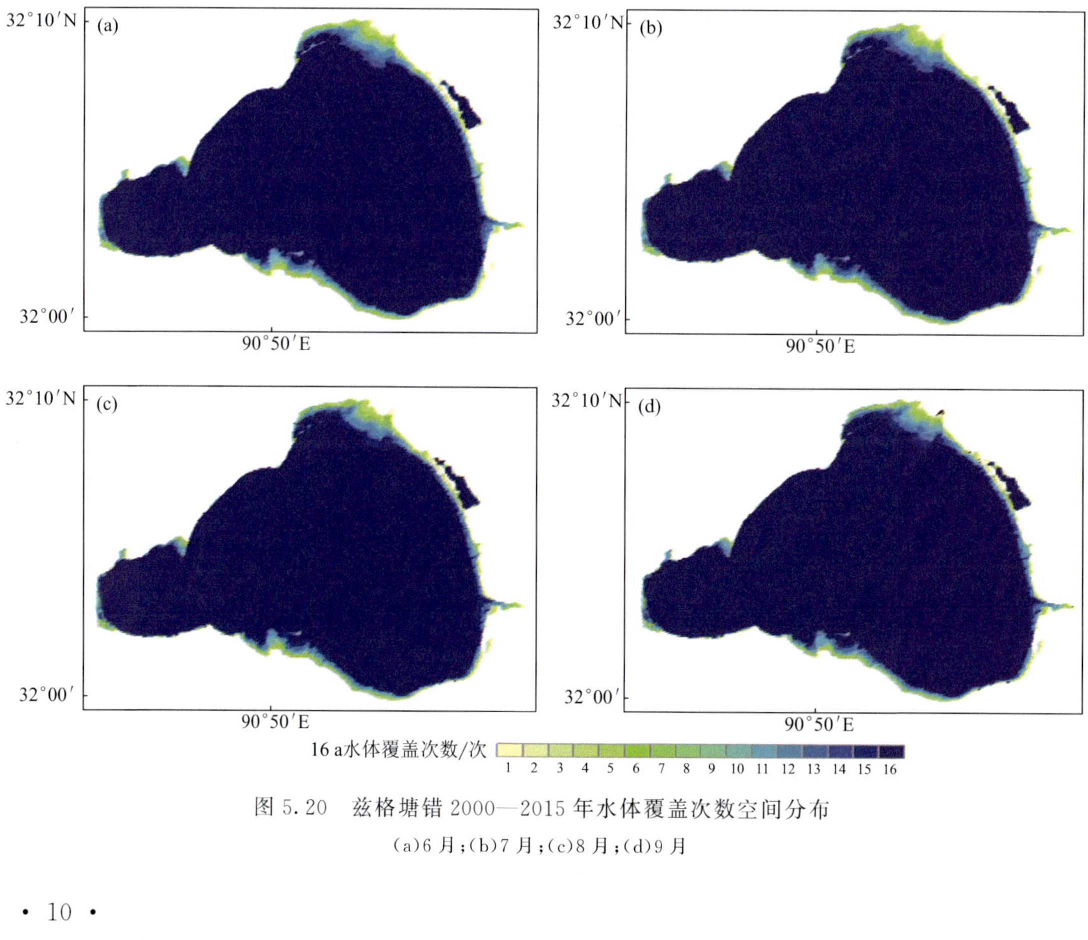

图 5.20　兹格塘错 2000—2015 年水体覆盖次数空间分布

(a)6 月;(b)7 月;(c)8 月;(d)9 月